服装速写技法(第三版)

THE PAINTING TECHNIQUE OF FASHION DESIGN

郭 琦 陶 然 韩 丹 朱怡霖 李奇帅 著

東華大學出版社
·上 海·

图书在版编目（CIP）数据

服装速写技法 / 郭琦等著 . -- 3 版 . -- 上海 : 东华大学出版社 , 2023.8

ISBN 978-7-5669-2252-6

Ⅰ . ①服… Ⅱ . ①郭… Ⅲ . ①服装设计—速写技法 Ⅳ . ① TS941.28

中国国家版本馆 CIP 数据核字 (2023) 第 142361 号

策划编辑：马文娟
责任编辑：高路路
版式设计：上海程远文化传播有限公司

服装速写技法（第三版）
FUZHUANG SUXIE JIFA（DISANBAN）

作者：郭琦　陶然　韩丹　朱怡霖　李奇帅
出版：东华大学出版社（地址：上海市延安西路1882号　邮编：200051）
本社网址：dhupress.dhu.edu.cn
天猫旗舰店：http://dhdx.tmall.com
销售中心：021-62193056　62373056　62379558
印刷：上海盛通时代印刷有限公司
开本：889mm×1194mm　1/16
印张：7.5
字数：192千字
版次：2023年8月第1版
印次：2023年8月第1次印刷
书号：ISBN978-7-5669-2252-6
定价：58.00元

内容简介

本书是一本服装速写快速入门实用教程，分为素描服装速写和着色服装速写两部分，从服装人体比例、常见动势分析、局部刻画、各种面料的绘制、服装速写着色等方面，由浅入深图解各阶段的绘画要点。

本书可以作为高等学校服装专业教师及学生、服装设计专业技术人员及服装爱好者的学习用书，也可与《时装画手绘表现技法》《手绘服装款式设计1000例》《手绘服装款式设计1888例》《服装人体动态及着装表现1000例》四本书配套使用，使读者在短时间内快速、全面地掌握服装速写的技法。

总 序

近年来，国内许多高等院校开设了服装设计专业，有些倾向于理科的材料学，有些则偏重艺术的设计学，每年都有很多年轻的设计者走向梦想中的设计师岗位。但是，随着服装行业产业结构的调整和不断转型升级，对服装设计师的要求更加苛刻，良好的专业素养、竞争意识、对市场潮流的把握、对时代的敏感性等，都是当代服装设计师不可或缺的素质，自身的不断发展与完善更是当代服装设计师的必备条件之一。

提高服装设计师的素质不仅在于服装产业的带动，更在于服装设计的教育体制与教育方法的变革。学校教育如何适应现状并做出相应调整，体现与时俱进、注重实效的原则，满足服装产业创新型的专业人才需求，也是中国服装教育面临的挑战。

本丛书的撰写团队结合教学大纲和课程结构，把握时下流行服饰特点与趋势，吸纳了国际上有益的教学内容与方法，将多年丰富的教学经验和科研成果以通俗易懂的方式展现出来。该丛书既注重专业基础理论的系统性与规范性，又注重专业教学的多样性和可行性，通过大量的图片进行直观细致的分析，并结合详尽的步骤讲述，提炼了需要掌握的要点和重点，让读者轻松掌握技巧、理解相关内容。该丛书既可以作为服装院校学生的教材，也可以作为服装设计从业人员的参考用书。

目录

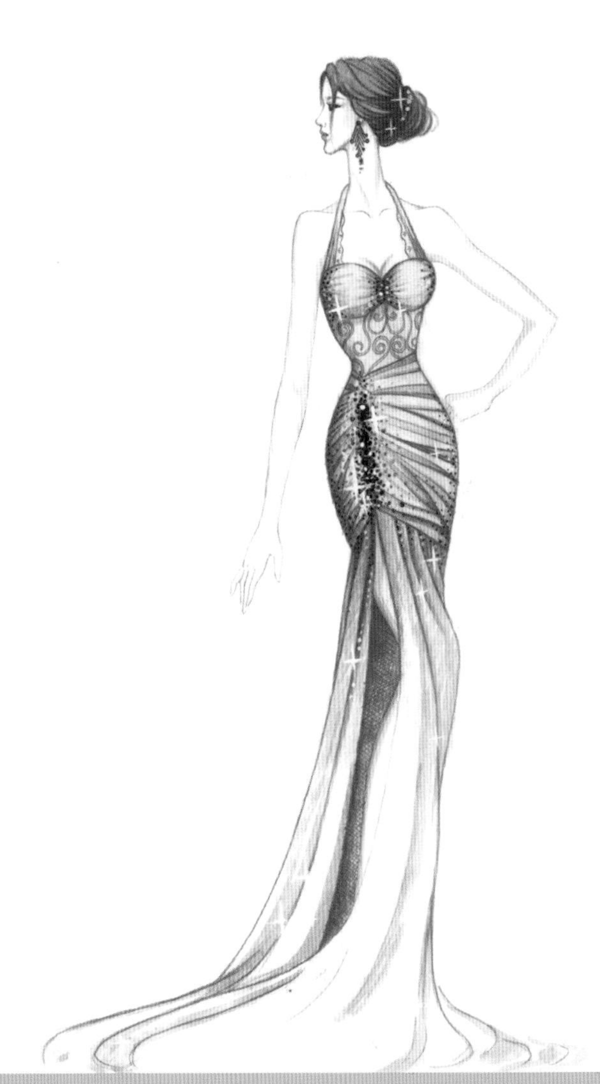

01

第一章

服装速写概述

第一章　服装速写概述

第一节　服装速写概念

服装速写是针对服装造型进行的快速写生（图1–1）。服装速写是为培养服装设计专业人才而开设的专业基础课程，在人体比例、形象表现、面料刻画上能够直接与服装效果图等课程相衔接（图1–2）。

服装速写包括素描服装速写和着色服装速写。服装是供人穿着的，既要研究人物着装后的外部造型，又要掌握各种动势下人体的运动规律，还需研究表现技法，以描绘出多种服装造型及服装面料的不同质感。通过学习可以在审美能力、观察方法、造型能力、表现技法、创意思维等方面为服装设计奠定基础。

图1-1 服装速写

图1-2 服装效果图

第二节 服装速写与传统速写的区别

传统速写根据绘画者的喜好和能力来选择线、线面结合、明暗等表现形式，以研究造型的基本规律，提高造型的能力，强调写实，客观地反映对象。此种速写包括人物速写（图 1–3）、场景速写、风景速写等，主要训练学生的造型能力，包含在素描范畴之中。

服装速写着重用线，除交代人体运动规律外，着重表现人物身上服装廓型、款式、面料等。服装速写中人体的身长比例为 9 个头或者 10 个头，这与传统人物速写中人体比例“立七坐五蹲三”有很大差异（图 1–4)。服装速写主要是描绘人物的着装状态及服装造型，因此分析服装速写与传统速写的区别是必要的。

图1-3 传统速写

图1-4 服装速写

小贴士 服装速写人体进行变化时，主要是加长腿部比例，上身比例变化较小。

02

第二章

服装速写基础知识

第二章　服装速写基础知识

第一节　服装速写人体比例

服装画人体是指在服装画作品和服装设计图稿中所呈现的专门表现服装的人体。服装画中应用的人体比例通常会比较夸张，人体的长度一般以头长为单位来计量，正常人体的高度为 7 个至 8 个头之间，而为了满足服装效果图的视觉美感，高度一般在 8.5 个至 10 个头之间，也有夸张至 11 个头，甚至 12 个头的。服装画人体整体上是夸张的人体表现，以表现出人体的完美曲线，更好地展示服装设计。传统人物速写和服装速写常见人体比例如图 2–1–1 ～图 2–1–4 所示。

一、男性人体比例

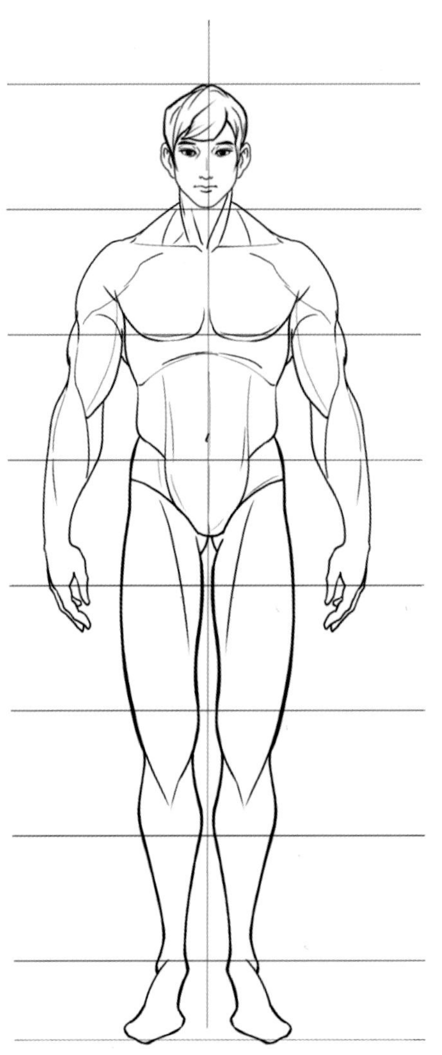

图2-1-1　传统人物速写常见的男体

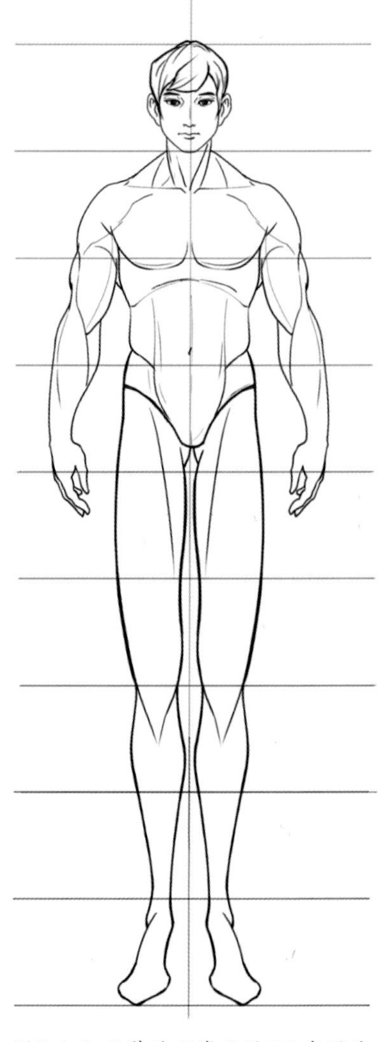

图2-1-2　服装速写常见的9头身男体

二、女性人体比例

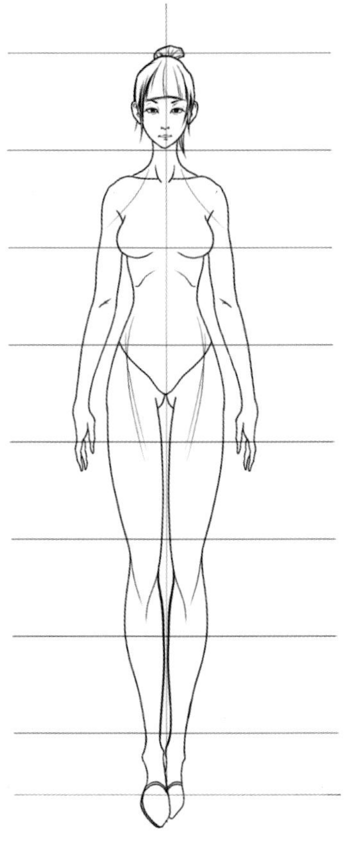

图2-1-3 传统人物速写常见的女体

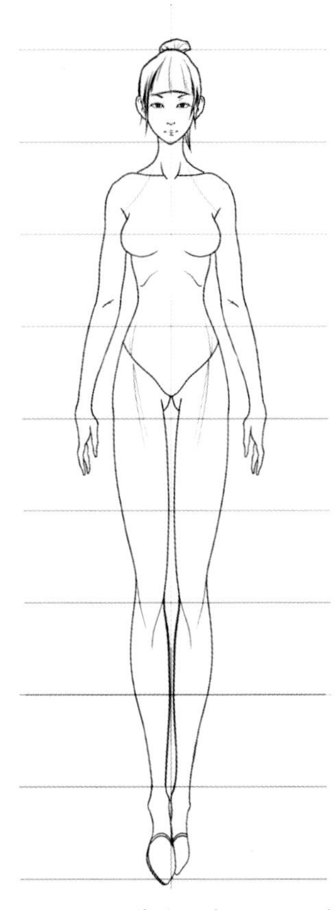

图2-1-4 服装速写常见的9头身女体

在9个头身高的比例基础上，如果设计上有需要，有时也可以再夸张一点，画成10个头身高的比例，尤其是对于腿部的延长，如图2-1-5和图2-1-6所示。

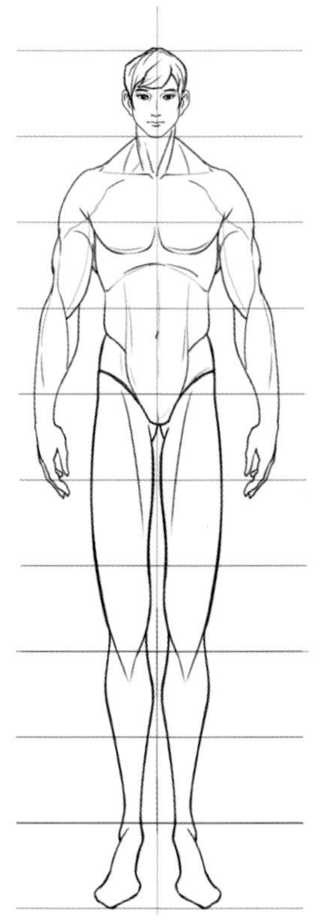

图2-1-5 服装速写10头身男体

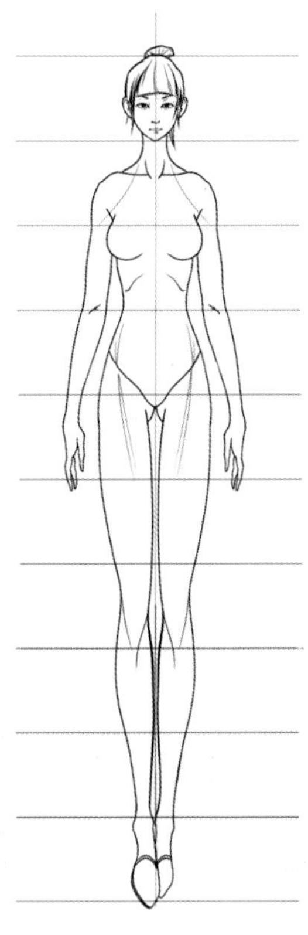

图2-1-6 服装速写10头身女体

第二节　服装造型中常见动势分析

一、重心与动势

人体无论是站立还是坐卧，全身必有重心，找准重心点并由此引出一条垂直线，即重心线，这是分析人物运动的重要依据和辅助线。在人体产生动势时，可以通过脊椎、双肩、骨盆两侧的连线来准确分析人体形态，这些线是有效培养观察方法的动势线。

如图 2–2–1 所示，为了便于分析人体动态，将复杂的人体用几何体概括。这幅图表现的是人背面而立，呈现左臂弯曲，右臂自然下垂的放松状态，左肩高于右肩；出左脚，脚尖轻轻点地，左侧骨盆放松下垂；右侧骨盆上提，右腿吃力挺直，全身重心落于此。

为了可以直观地理解和掌握人体动势规律，下面把真实的动势照片和根据照片绘制的动势图结合在一起进行分析（图 2–2–2 ～图 2–2–20）。

服装速写是刻画人物着装状态下的整体服装造型，不论是素描服装速写还是着色服装速写，都需要先理解人体动势，并将其刻画出来，作为服装速写中的人体模板。通过以下步骤进行分析，便于理解掌握这一重要内容。

图2-2-1 用几何体概括的人体

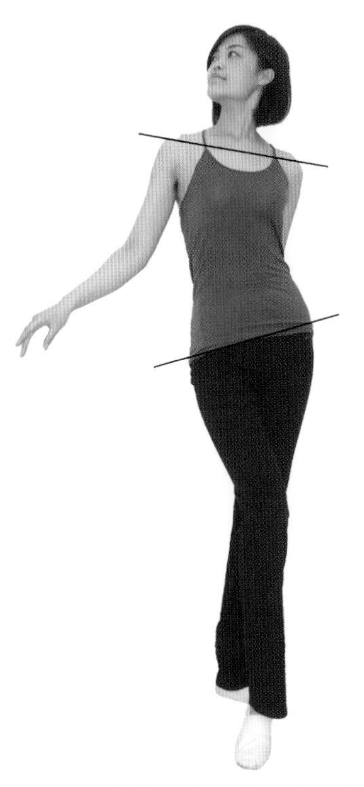

图2-2-2 实拍人物动势照片，把人体双肩和骨盆的动势线进行标注，可以清楚地看出人体运动的状态

图2-2-3 根据照片中的人物动势，用简单的直线概括成几何体刻画

图2-2-4 加入人体骨骼和肌肉感的刻画

小贴士　人在行走时，重心是交替变换的。

图2-2-5 实拍人物行走过程的动势照片

图2-2-6 根据照片中的人物动势，用简单的直线概括成几何体刻画

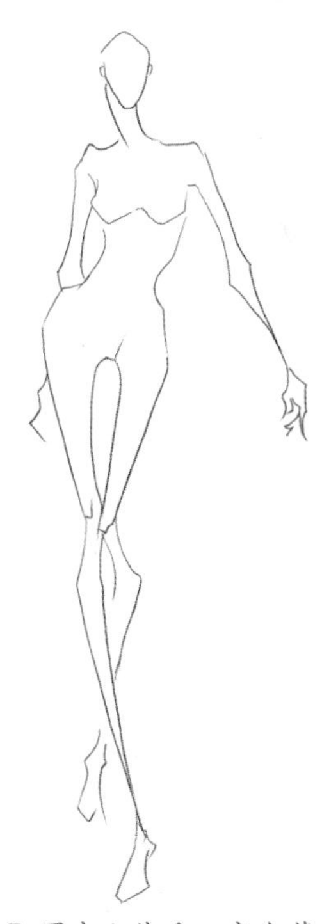

图2-2-7 图中人体重心完全落在前脚，后脚跟即将离开地面，当它离开地面时，全身重心是关键所在，重心将完全落于前脚上

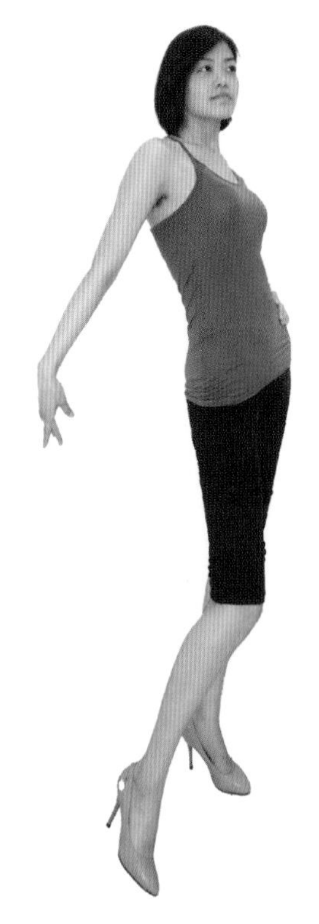

图2-2-8 实拍人物动势照片

图2-2-9 概括成几何体刻画

图2-2-10 人体动势图完成稿

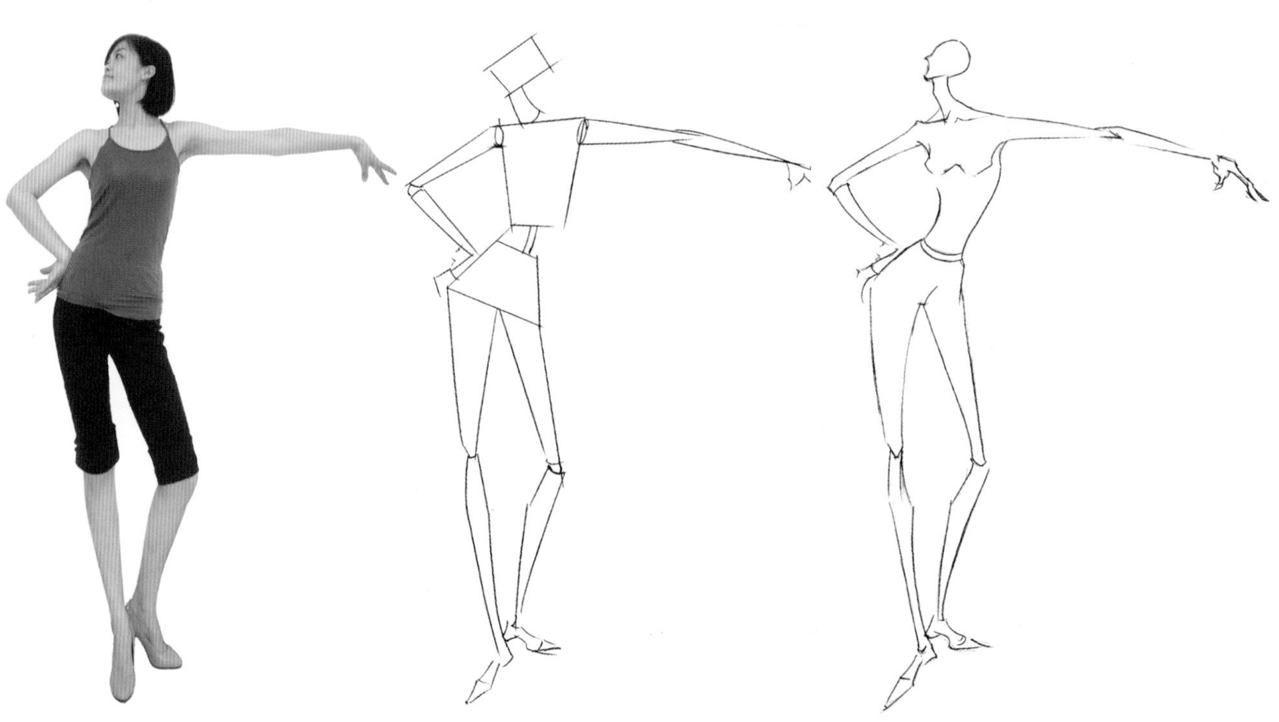

图2-2-11 实拍人物动势照片

图2-2-12 通过几何体块对人体动势进行初步分析

图2-2-13 人体动势图完成稿

图2-2-14 实拍人物动势侧面照片

图2-2-15 侧面观察人体，以几何体概括

图2-2-16 人体动势图完成稿

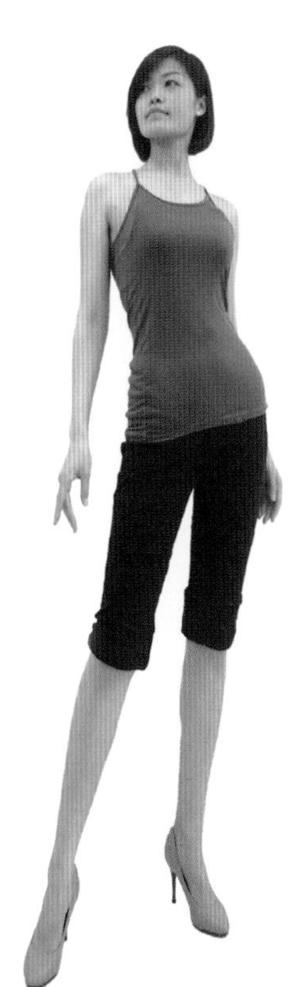

图2-2-17 步骤一，实拍人物动势照片

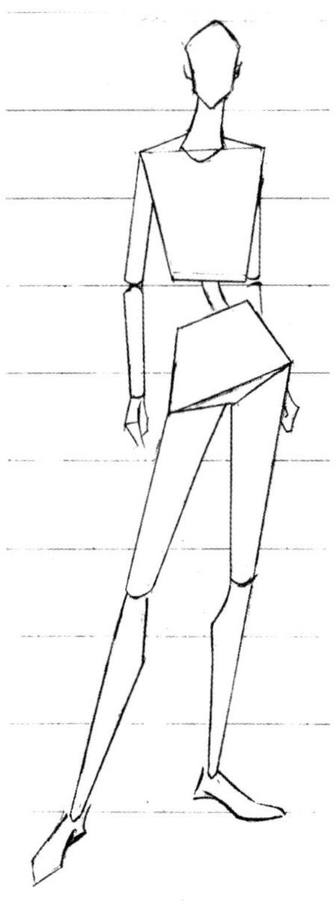

图2-2-18 步骤二，用几何体块对照片中人体动势进行初步概括

图2-2-19 步骤三，在体块基础上过渡到有骨骼和肌肉感的人体刻画

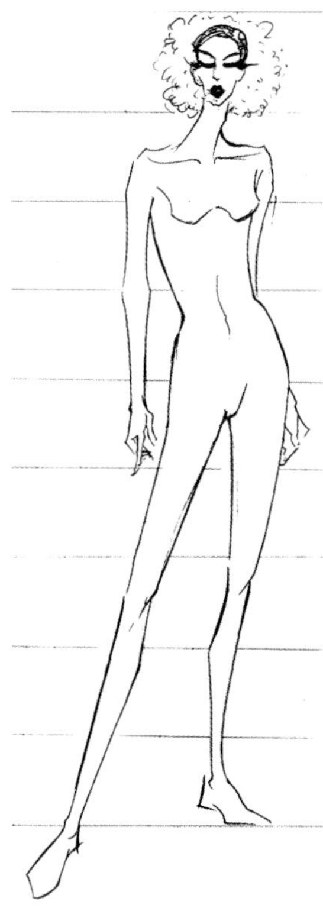

图2-2-20 步骤四，加上发型、五官的刻画，完成人体模板描绘

二、范例

熟练掌握后，我们就可以根据需要省略某个步骤，或者只选择某个步骤进行描绘（图2-2-21～图2-2-26）。

范例1

图2-2-21 实拍人物动势照片

图2-2-22 根据照片分析人体动势并加以描绘完成，人体站立时重心放在右腿上，左脚伸出，脚尖点地，脚跟抬起，因此右侧臀部和胯部随之上提，左侧臀部和胯部呈放松状态

范例2

图2-2-23 实拍蹲姿人物动势照片，注意照片中人物的头与颈部动势

图2-2-24 此动势有一定难度，身体重心多半落在后腿，臀部借助后腿的力量，前腿起到分担重力、平衡全身的作用

范例3

图2-2-25 实拍人物动势照片

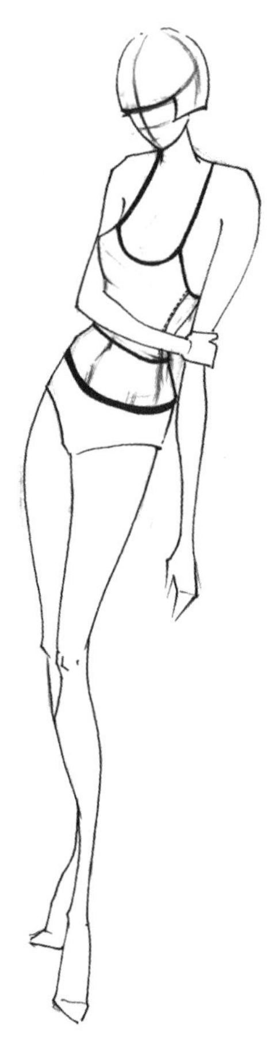

图2-2-26 分析人物动势并加以描绘。头部微微倾斜且俯视，脸部五官也随着透视线变化

另外，服装速写的画法不是千篇一律的，如同各个画派一样，可以具有自己的风格特点。当然，这要在熟练的基础上为之。这里提供一些男性、女性不同表现风格和不同动势的图片，供大家参考（图 2-2-27 ~图 2-2-37）。

熟练之后，大家根据服装造型的需要，在表现动势时也可展现一些个人的绘画风格。

图2-2-27 男性动势一

图2-2-28 男性动势二

图2-2-29 男性动势三

图2-2-30 女性动势一

图2-2-31 女性动势二

图2-2-32 女性动势三

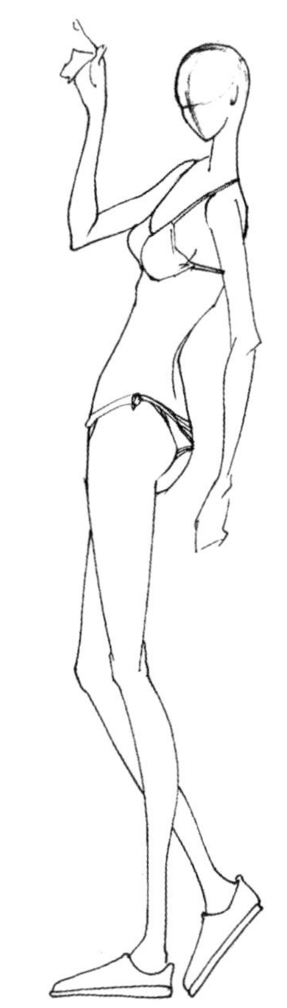

图2-2-33 女性动势四

图2-2-34 女性动势五

图2-2-35 女性动势六

图2-2-36 女性动势七

图2-2-37 女性动势八

第三节　局部刻画要点

一幅有魅力的速写，需要熟悉结构、掌握运动规律。局部刻画是否精细，影响整体服装造型，同时也是体现功力的地方。

一、头部的画法

（一）男性头部画法

男性头部画法的具体步骤，如图 2-3-1 ~ 图 2-3-4 所示。

图2-3-1 步骤一，用铅笔画出人物的头部外轮廓、五官及肩部大致位置

图2-3-2 步骤二，深入刻画细节

图2-3-3 步骤三，在画男性头部时，脸部轮廓多用直线而不用曲线，转折处用比较硬朗的线条，头发的刻画也是如此，用简练的线条完成

图2-3-4 步骤四，完成稿

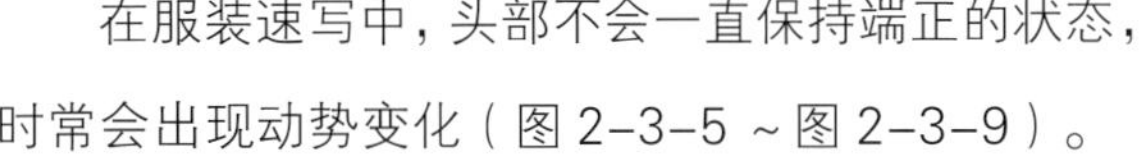

在服装速写中，头部不会一直保持端正的状态，时常会出现动势变化（图 2–3–5 ~图 2–3–9）。

图2-3-5 头部动势一

图2-3-6 头部动势二

图2-3-7 头部动势三

图2-3-8 头部动势四

图2-3-9 头部动势五

（二）女性头部画法

女性头部和男性头部在刻画过程上基本一致，但方法略有差异，如图 2–3–10 ~ 图 2–3–12 所示。

对于女性来说，整个头部刻画时的用线与男性头部用线正好相反。为了体现女性柔美的特征，脸部轮廓、头发、颈部和双肩多采用曲线描绘。另外，由于女性头发刻画时用线较多，颈部只勾画边缘线即可，略带锁骨。

图 2–3–13 ~ 图 2–3–19 是服装速写中女性头部常见的动势变化。

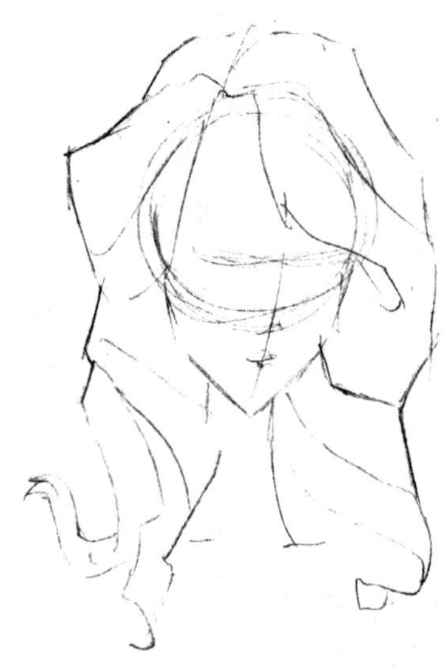

图2-3-10 步骤一，起稿用铅笔画出人物的发型及五官大致位置

图2-3-11 步骤二，深入细致刻画

图2-3-12 步骤三，完成稿

2-3-13 头部动势一

图2-3-14 头部动势二

图2-3-15 头部动势三

图2-3-16 头部动势四

图2-3-17 头部动势五

图2-3-18 头部动势六

图2-3-19 头部动势七

二、五官的画法

对男性、女性头部的画法有了整体认识之后，下一步就是对五官的刻画。详细掌握五官的表现方法，可以使服装速写更加丰富。

（一）男性五官画法

1.眉毛和眼睛的画法（图2-3-20～图2-3-25）

图2-3-20 先用铅笔画出男性眉毛和眼睛的大致轮廓

图2-3-21 略施调子体现立体感

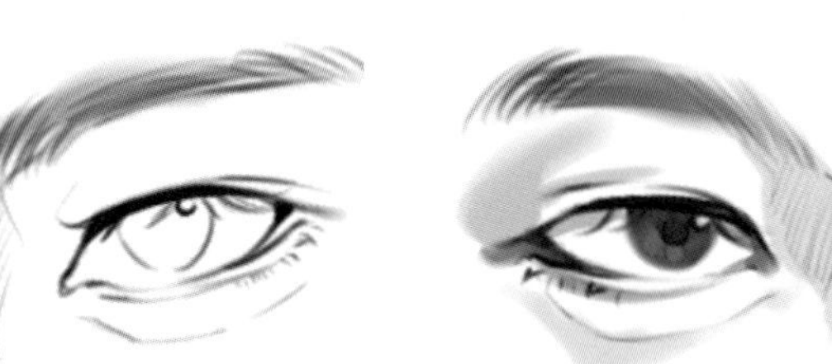

图2-3-22 按明暗、主次、虚实关系逐步深入

图2-3-23 刻画完成

图2-3-24 当头部稍稍转动，就要格外强调内眼角，通过内眼角的深度刻画交代空间深度与鼻梁高度

小贴士 内眼角和外眼角处需要画出空间深度。

图2-3-25 眼球画成半圆或者大半个圆形，轮廓线不用单线，还是需要有一点宽度

小贴士　眼睛如果要画双眼皮，双眼皮线在眼球最突出处稍微画淡一点。

如图 2–3–26 ~ 图 2–3–28 所示，体会一下男性眉眼神态和眉毛、眼睛刻画时的细微差别。

图2-3-26 下眼睑的线也要有粗细变化，可以部分留白处理虚实，以表现出眼睛是个球体

图2-3-27 男性的眉毛绘制要有一些宽度，通过长短不一的线排列而成，下笔干脆，转折明确

图2-3-28 眉毛线条的绘制也要讲究虚实轻重

小贴士　男性的眉毛基本都会画得粗一些，即使是稍微细一点的眉毛，也不要用一两条线简单勾画。

2. 男性鼻子的画法（图 2-3-29 ~图 2-3-33）

图2-3-29 铅笔起稿，勾画出男性鼻子的立体造型

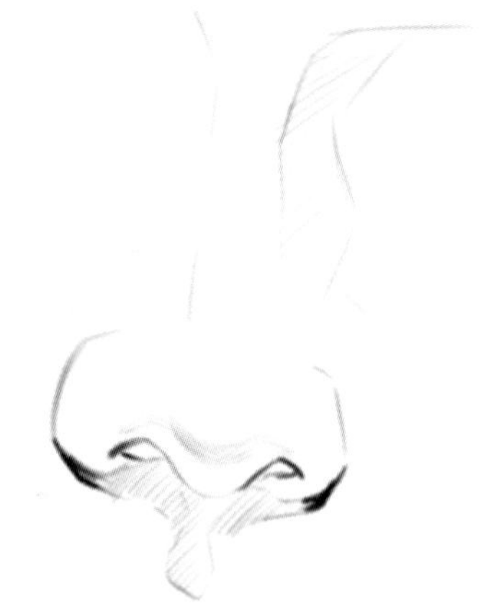

图2-3-30 开始上调子深入刻画

图2-3-31 完成稿

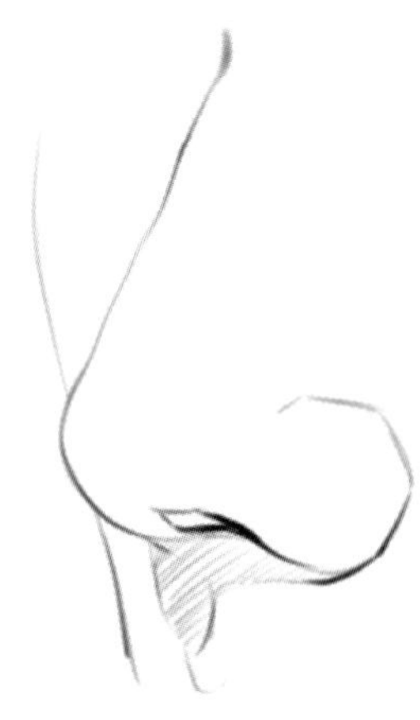

图2-3-32 将鼻子和嘴部看作一个整体刻画，强化空间感

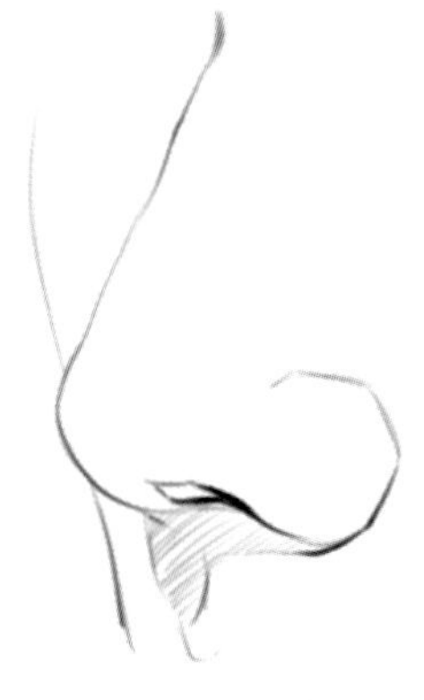

图2-3-33 为了避免单薄，在鼻子的边缘轮廓加灰色调子形成阴影，既显立体又符合男性特征

小贴士 男性的鼻子笔挺宽厚，不能用细线完成，要使线随着位置的变化而有粗细变化，才显立体。

3. 男性嘴部的画法（图 2-3-34 ~图 2-3-40）

图2-3-34 勾画出男性嘴部整体轮廓

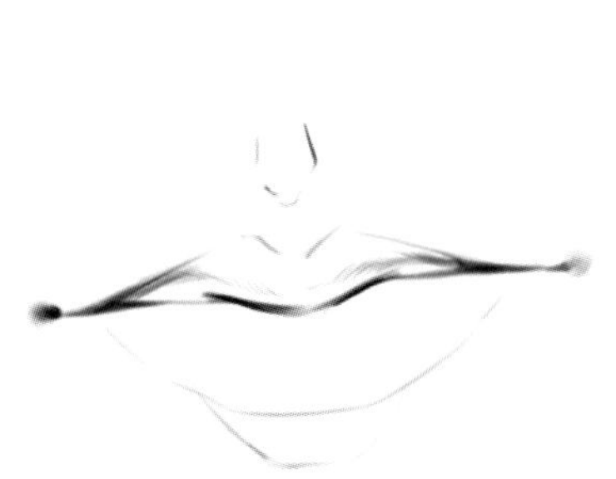

图2-3-35 加灰色调子丰富层次，形成阴影，体现立体感

图2-3-36 完成稿

图2-3-37 3/4侧面嘴部刻画

小贴士　男性的嘴唇画得厚重一些较好，用线交代轮廓之余也可以留一些空白，更显嘴唇丰满。

图2-3-38 男性嘴部周围带有胡须，胡须也需要按透视关系仔细勾画，不能潦草了事

图2-3-39 胡须的描画不能整齐一致，用灵动些的线条绘制

图2-3-40 人中及下嘴唇凹陷处需要稍作交代，体现整个嘴部的立体感

小贴士　画嘴部微张的状态时，要强调内侧线条，体现空间深度，不建议细致地刻画牙齿。

（二）女性五官画法

1. 眉毛和眼睛的画法（图2-3-41～图2-3-50）

服装速写中，女性的面部五官刻画用笔墨最多的地方莫过于眼睛和眉毛。

图2-3-41 铅笔刻画女性眉毛和眼睛的大体造型

图2-3-42 加灰色调子丰富层次，体现立体感

图2-3-43 对眉毛和眼睛精细刻画

图2-3-44 完成稿

女性眼球绘制时要体现黑白灰以及高光，这样才更有神采，明亮水润。黑，位于靠近上眼睑处；白，位于半圆形眼球的边缘；灰，是黑与白之间的过渡色；高光，要根据眼睛所看的方向而定，一般高光紧邻最重的位置。

图2-3-45 上眼睫毛一般从眼睛的中间位置开始画起，一直画到眼尾，上眼睫毛的长度越接近眼尾越长

图2-3-46 女性的眼睛上下均可绘制眼睫毛，注意上眼睫毛在长度与密度上都要强于下眼睫毛

图2-3-47 双眼皮的线条要两边重中间轻

图2-3-48 眼角部分的明暗关系要重点刻画

图2-3-49 眼睛闭合状态时，要把整个眼睛当成球体去考虑，交代明暗关系，并细致地画出睫毛

图2-3-50 当头部转动，眼睛处于不同侧面情况下，要在眼睛与鼻子中间部分加上一些阴影，强调立体关系

小贴士　女性的眉毛画法与男性眉毛有很大差异，画女性眉毛的时候和女性化妆时的感觉相似，需要控制好力度，下笔略重，收笔轻且快，形成起笔较粗，尾端细淡的自然效果。

2. 女性鼻子的画法（图 2-3-51 ~图 2-3-54）

画女性的鼻子必须综合其他五官加以考虑，可以从眉毛处引出一条线，既体现鼻梁骨又形成鼻尖的轮廓。

图2-3-51 正面头部

图2-3-52 3/4侧面头部

图2-3-53 侧面头部

图2-3-54 头部上扬

3. **女性嘴部的画法**（图 2-3-55 ~图 2-3-60）

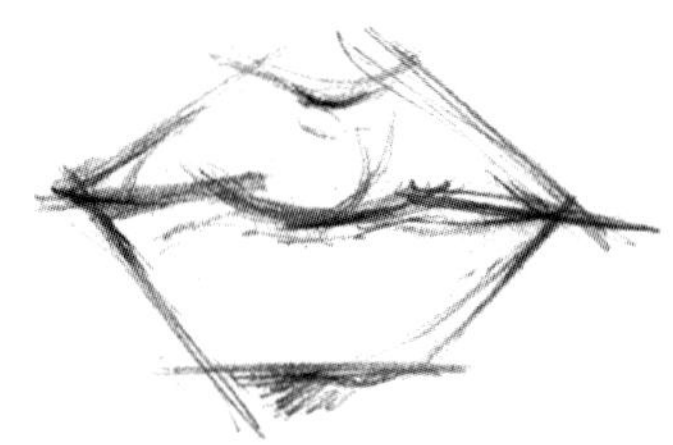

图2-3-55 先用铅笔起稿，画出女性嘴部整体轮廓

图2-3-56 擦掉多余的线条，画出明暗交界线和投影

图2-3-57 完成稿

图2-3-58 嘴唇微张时，遵循受光背光原理，唇上面的调子不宜过多

小贴士 女性嘴部的用线要轻柔，以曲线为宜，主要绘制上下唇中间部分和两侧嘴角。

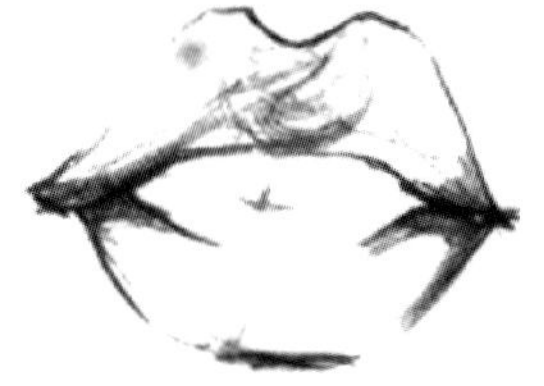

图2-3-59 张口状态一般不需要详细地画出牙齿，留白即可

图2-3-60 画侧面嘴部时要注意透视，嘴唇应该是离我们近的这边略宽，向远处逐渐变窄

三、手的画法

（一）男性手的画法（图2-3-61～图2-3-63）

图 2-3-64 ～图 2-3-75 是几张手部不同姿态的画法。

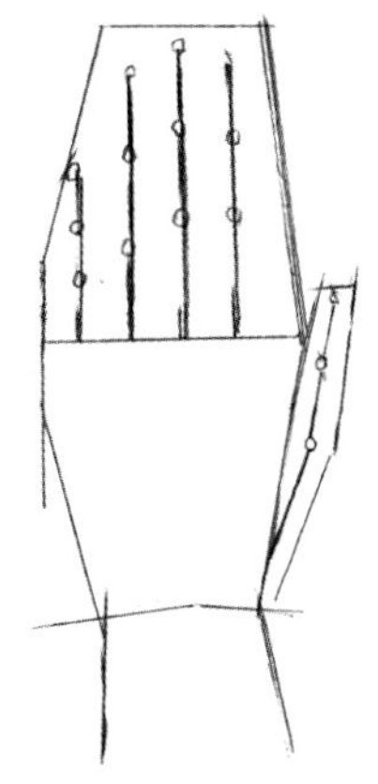

图2-3-61　先用直线概括手部形体

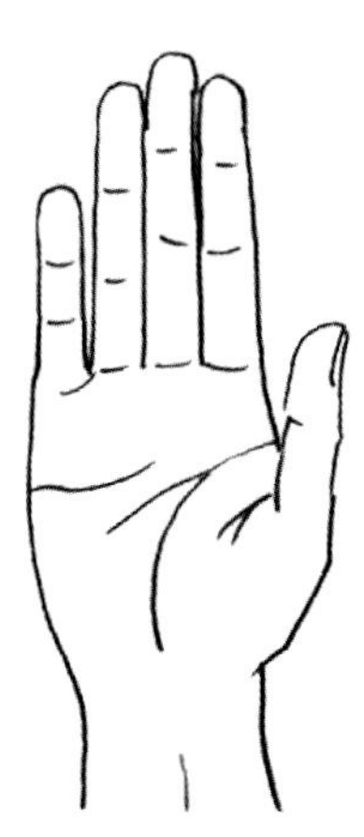

图2-3-62　掌握基本形体基础后，再转为曲线细致描画

图2-3-63　侧面的手完全并拢时，由于无名指和小手指通常都比中指短，只能看见大拇指、食指和中指。指甲要贴着手背一侧的外边缘线画到指尖

小贴士　无论画男性的手还是女性的手，都要用连贯的线条，不需要加入调子。如果是画手心，要把几条主要掌纹画出来，手指部分骨节处用短横线表示。

图2-3-64　人体手臂和手部自然下垂时手部的状态和画法，这是服装速写中比较常用的手部姿态

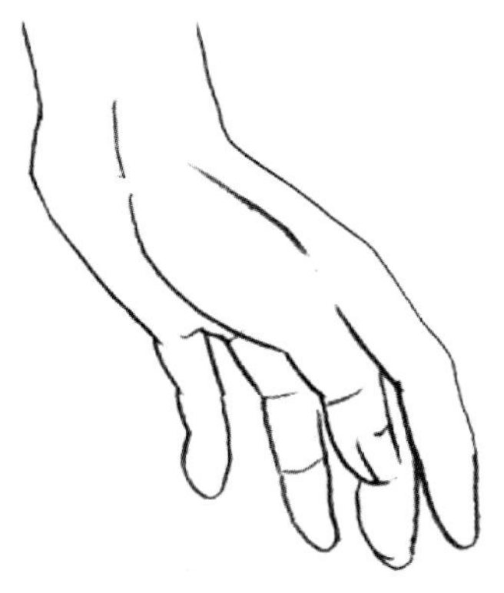

图2-3-65　细致刻画大拇指与食指之间的转折部位

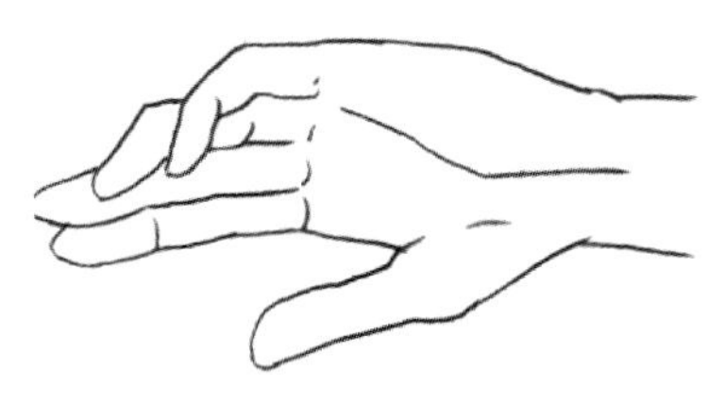

图2-3-66　五个手指的长短比例保持准确

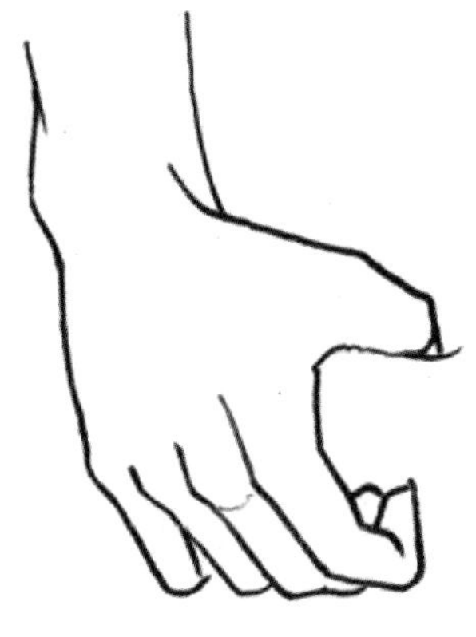
图2-3-67 手握东西或者提东西时，因为手部吃力，所以腕骨要突出，手部各关节转折明显

图2-3-68 大拇指分段刻画更容易

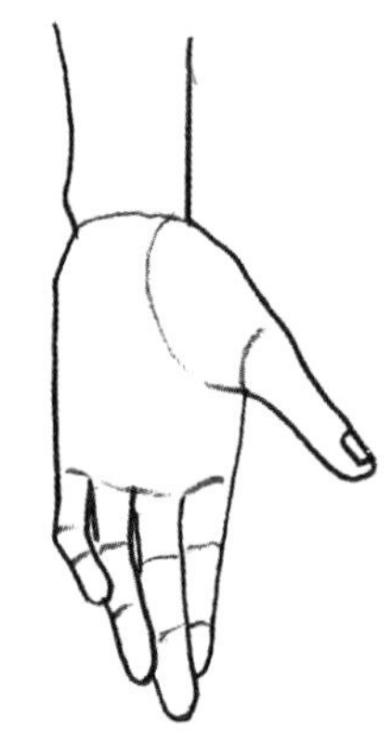
图2-3-69 绘制下垂的手掌，不需要把掌纹完全表现出来

小贴士 男性的手要比女性的手画得宽厚一点，看起来没有女性手那样纤细修长。

图2-3-70 手臂抬起，手部自然放松的状态和画法

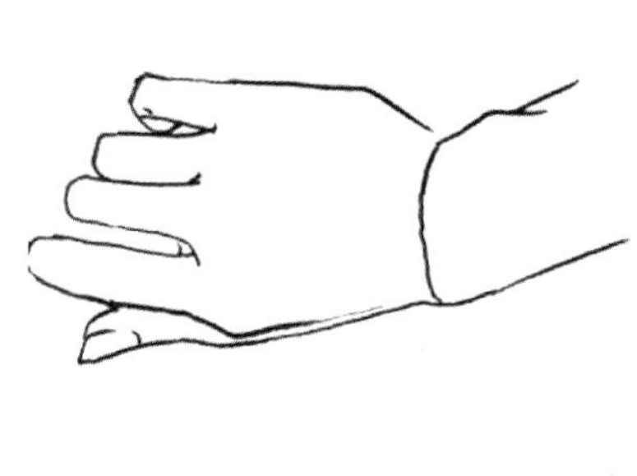
图2-3-71 每根手指要有粗细变化

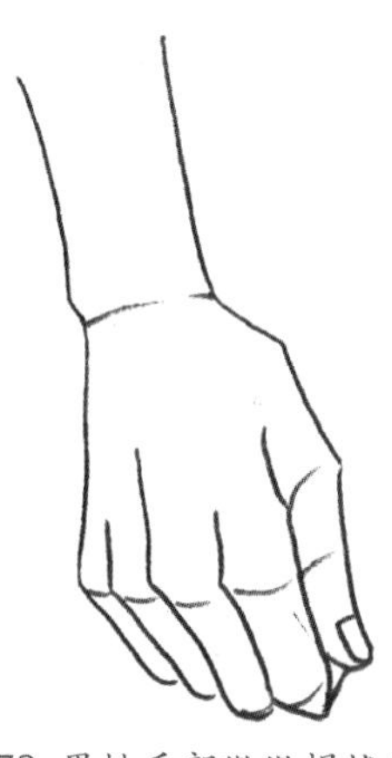
图2-3-72 男性手部微微握拢状态一

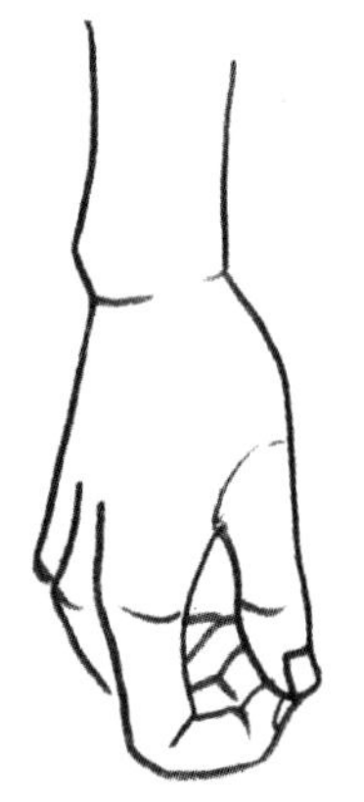
图2-3-73 男性手部微微握拢状态二

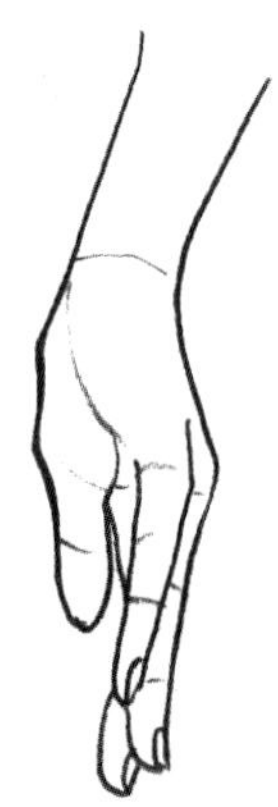
图2-3-74 男性手指张开状态一

图2-3-75 男性手指张开状态二

小贴士 刻画不并拢的手指，各个手指之间空隙的画法要有变化，有时可以留出一些空隙，即用两条线分别表示两个手指的边缘，有时两个手指共用一条边缘线。

（二）女性手的画法（图2-3-76，图2-3-77）

女性手部在整体服装造型中常常会起到举足轻重的作用，如图 2-3-78 ~图 2-3-93 所示。

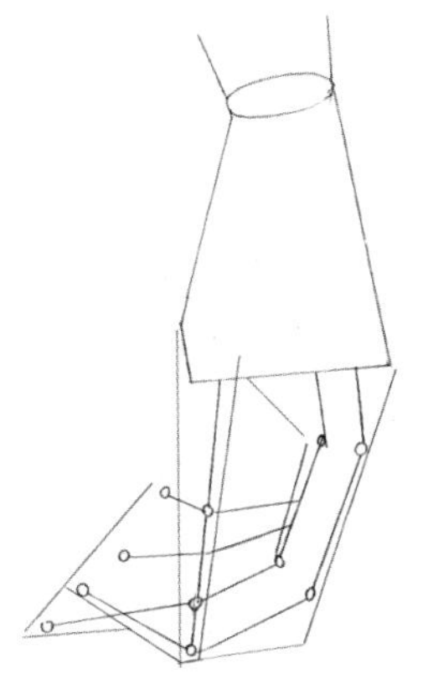

图2-3-76 先用直线概括女性手部形体，并交代关节转折处

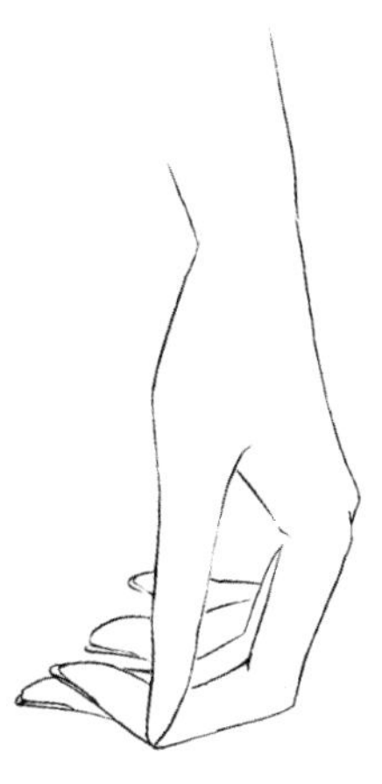

图2-3-77 完成稿

图2-3-78 手扶胯部的姿态

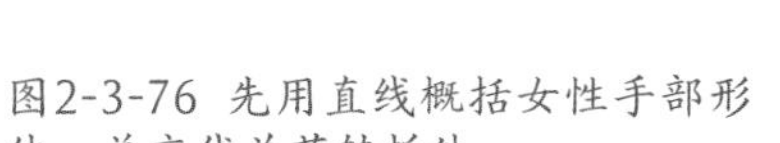

小贴士 女性手部要尽量画得纤细修长，用线也要连贯、干净，才能显出手部的柔滑。

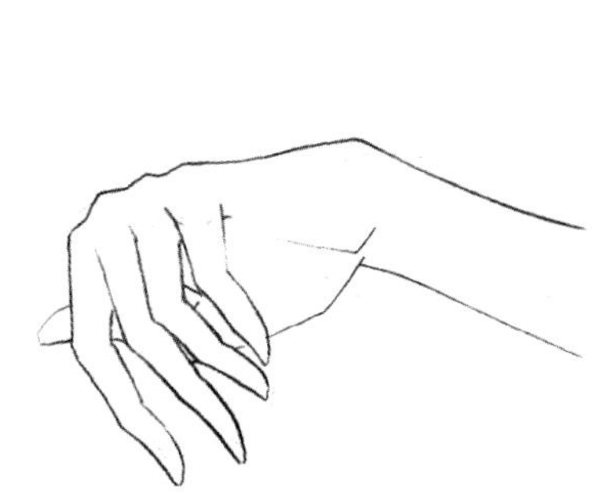

图2-3-79 指尖画得稍微长些，表现手指的纤细感

图2-3-80 手掌向上时的手部姿态和画法

图2-3-81 手腕自然下垂时的状态

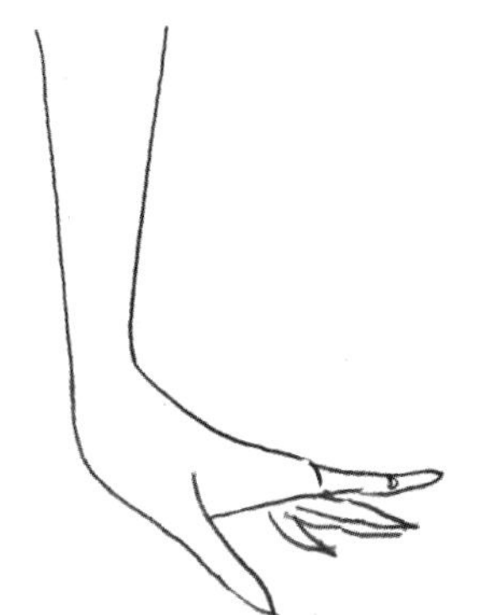

图2-3-82 手腕用力，手掌和手指向上抬起的状态

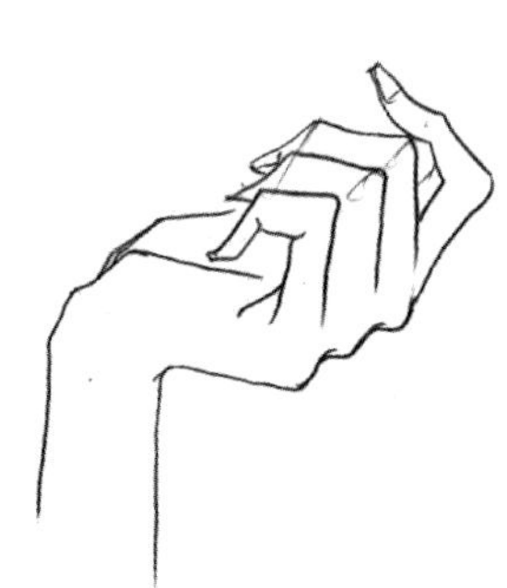

图2-3-83 刻画强调骨感，线条比较硬朗

图2-3-84 着重刻画手指指甲等细节

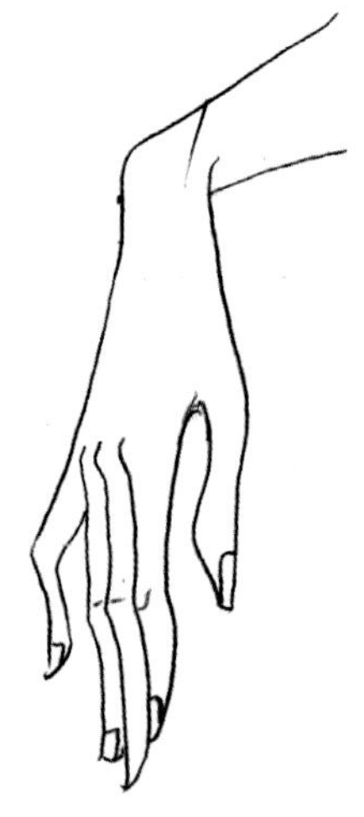

图2-3-85 把指甲刻画精细有助于体现女性手指的纤细感

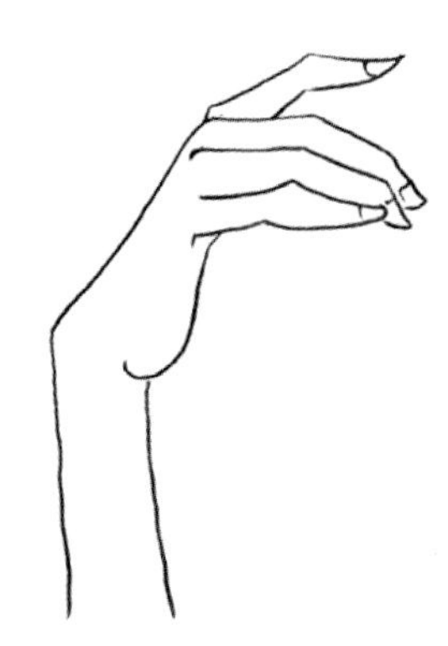

图2-3-86 手背的直线和手心的曲线同时表现出骨感与丰满

图2-3-87 不需要每个指甲都详细刻画

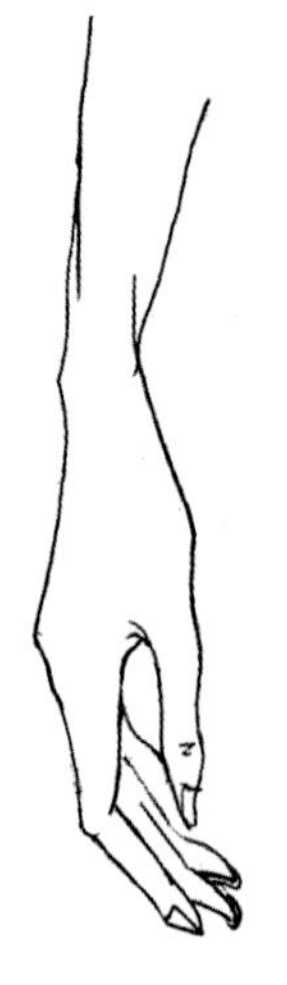

图2-3-88 手腕处线的交接体现形体转折

图2-3-89 手腕佩戴饰品时的状态

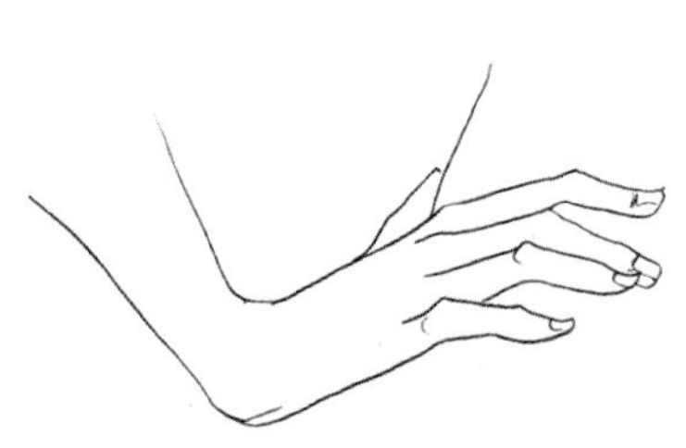

图2-3-90 手扶在胯部的状态

图2-3-91 手指向手臂内侧靠拢的状态

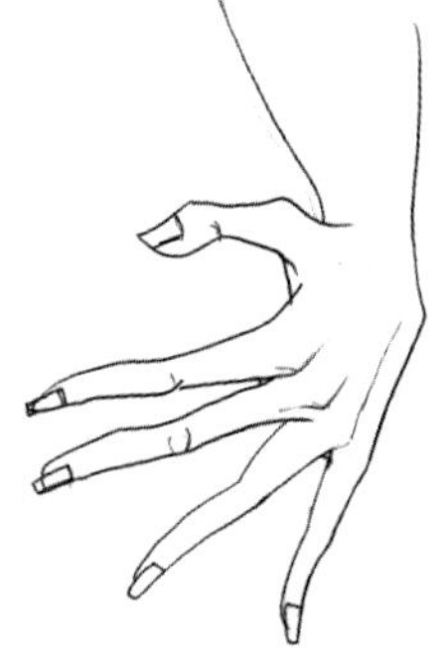

图2-3-92 五指张开并用力的状态

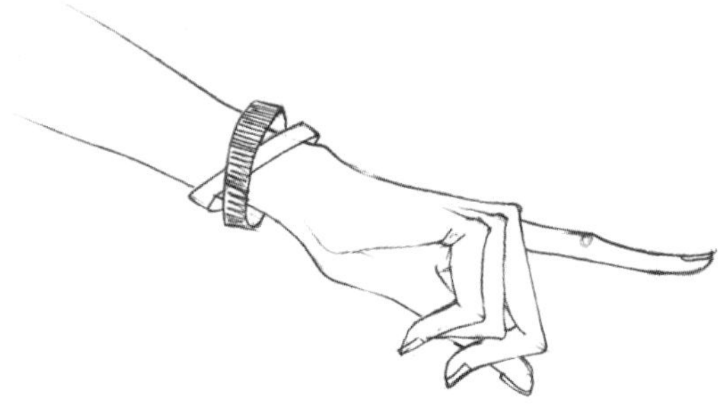

图2-3-93 五根手指动势变化较复杂

四、脚及鞋的画法

人体脚部结构，无论男性还是女性都是一致的，对于脚的刻画在服装速写中仍然是以线描绘。

脚掌着地的状态（图 2–3–94，图 2–3–95）

脚尖着地的状态（图 2–3–96，图 2–3–97）

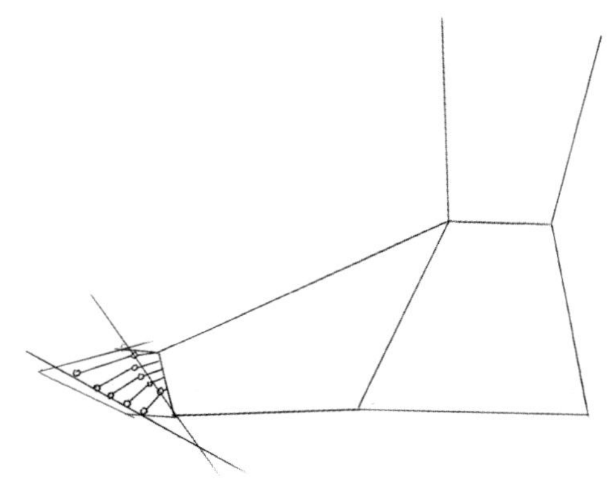

图2-3-94 把复杂的脚部先归纳成几何体

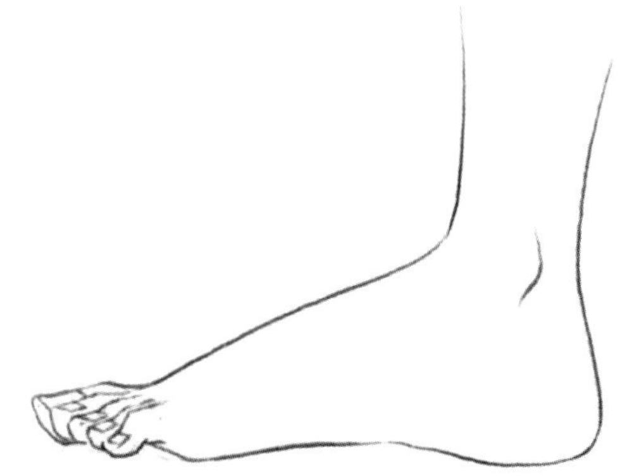

图2-3-95 完成稿

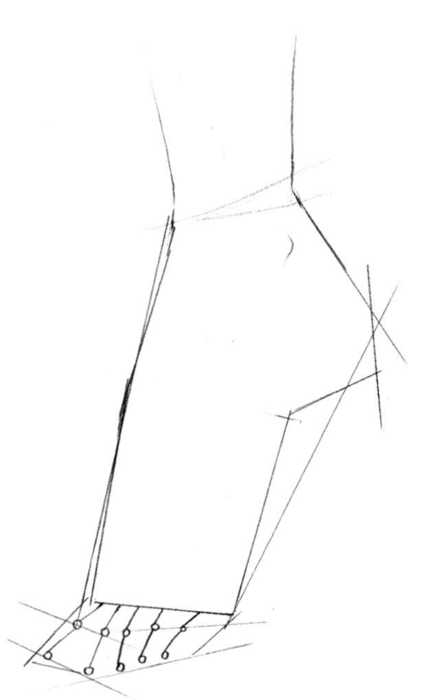

图2-3-96 直线概括形体

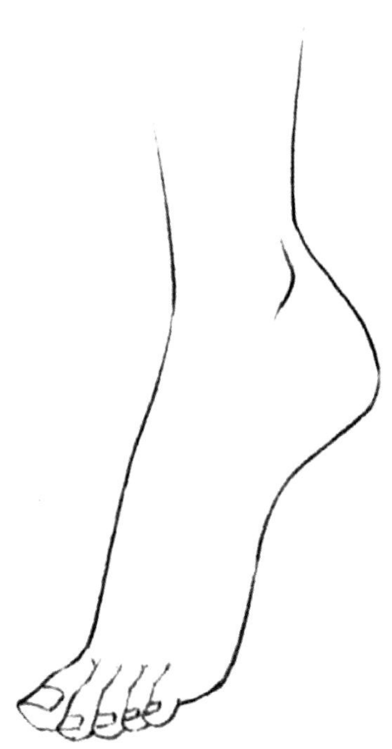

图2-3-97 在理解的基础上绘制脚部状态

人体的脚部在服装造型中不常露在外面，腿部露在外面的时候较多，如图 2-3-98 ~图 2-3-101 是常见的腿部与脚部动势。

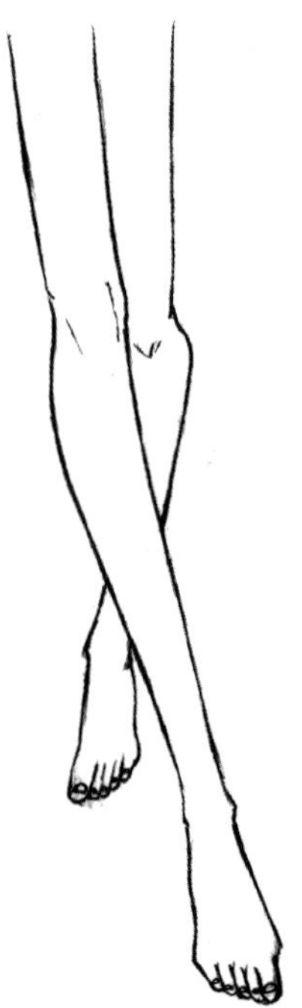

图2-3-98 腿部与脚部动势一

图2-3-99 腿部与脚部动势二

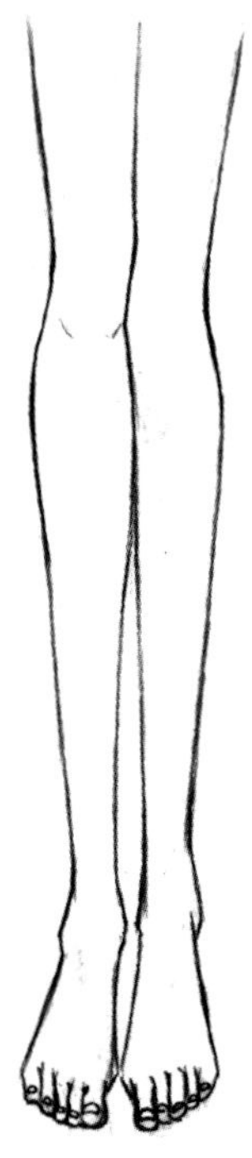

图2-3-100 腿部与脚部动势三

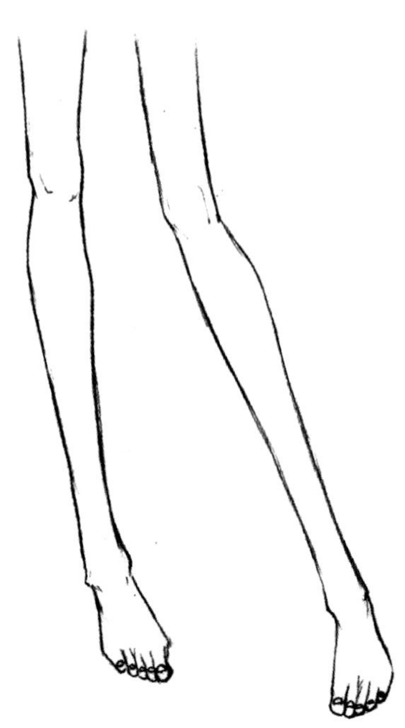

图2-3-101 腿部与脚部动势四

除了了解脚部及腿部如何表现外，还要理解脚与鞋是如何合二为一的，这能帮助我们快速掌握脚和鞋的表现方法（图 2-3-102 ~图 2-3-119）。

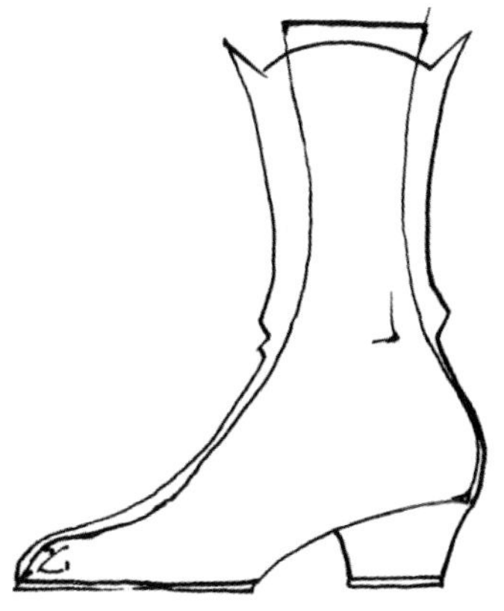
图2-3-102 脚部形体与靴子结合理解一

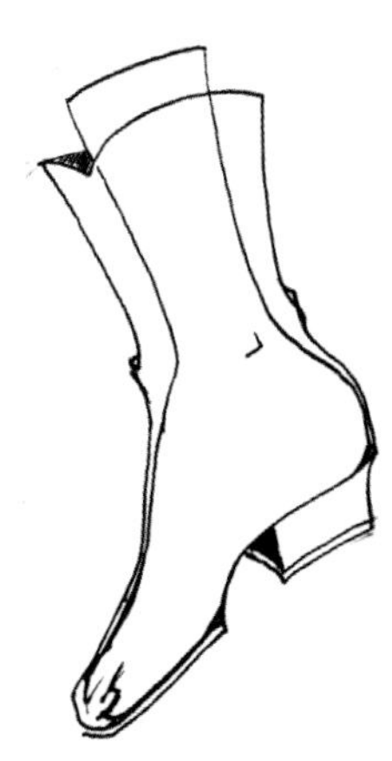
图2-3-103 脚部形体与靴子结合理解二

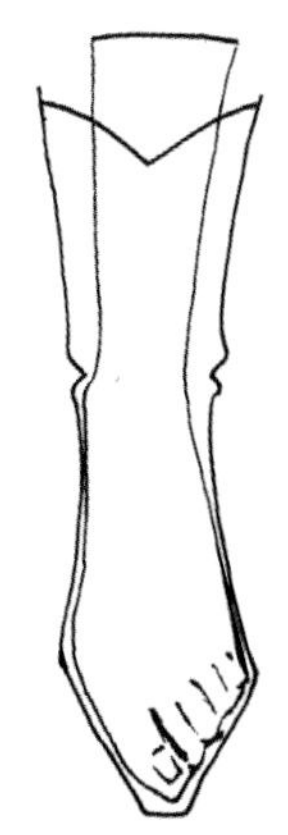
图2-3-104 脚部形体与靴子结合理解三

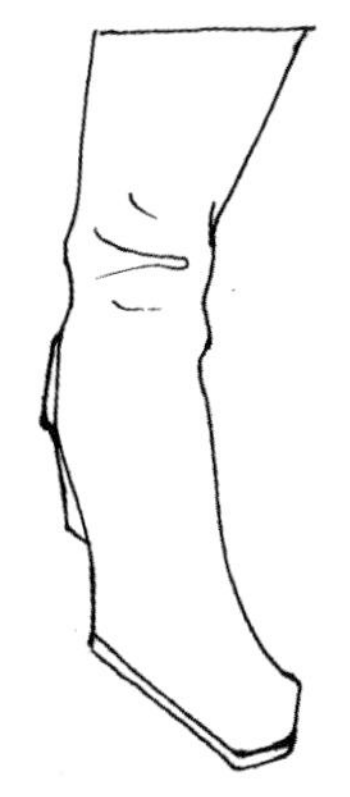
图2-3-105 脚部形体与靴子结合理解四

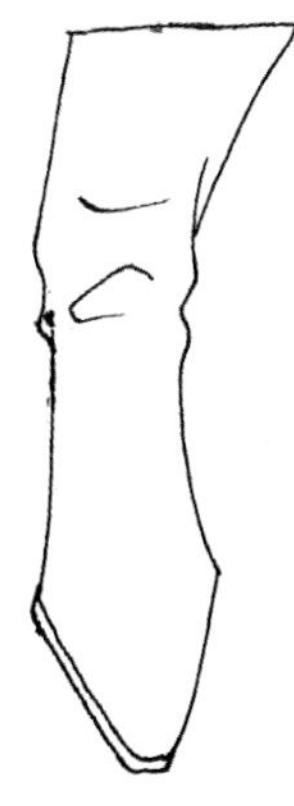
图2-3-106 脚部形体与靴子结合理解五

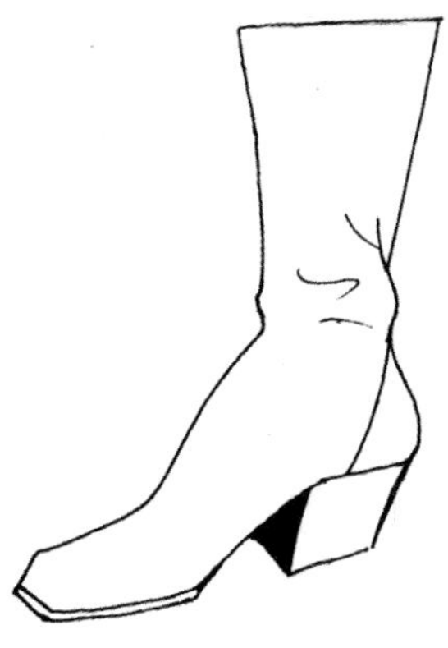
图2-3-107 脚部形体与靴子结合理解六

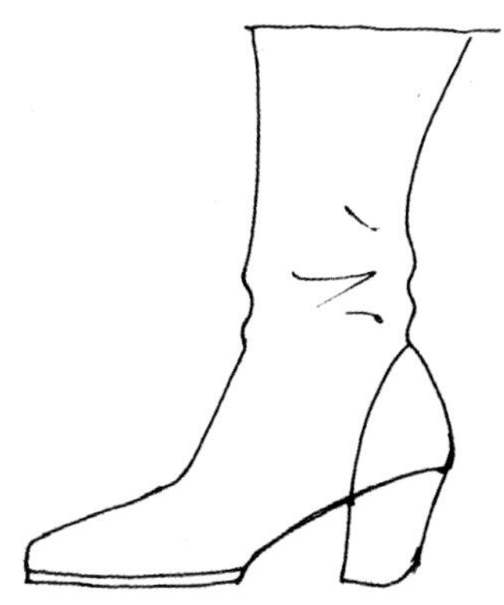
图2-3-108 脚部形体与靴子结合理解七

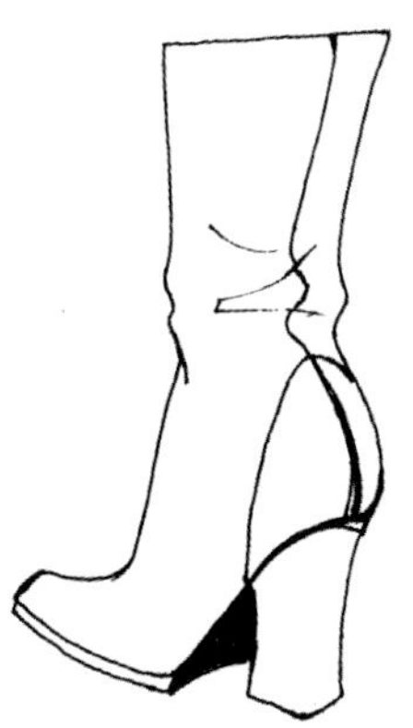
图2-3-109 脚部形体与靴子结合理解八

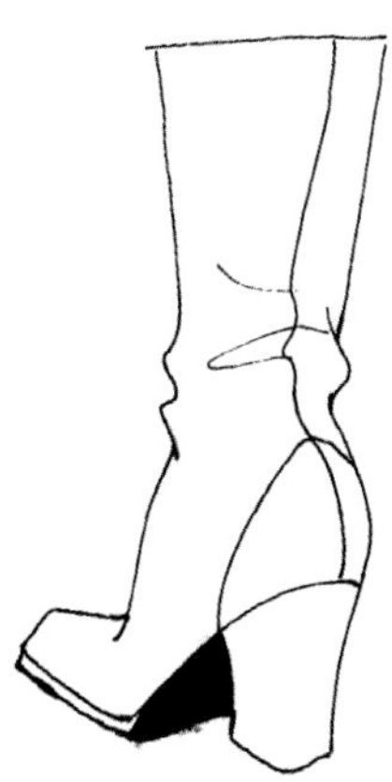
图2-3-110 脚部形体与靴子结合理解九

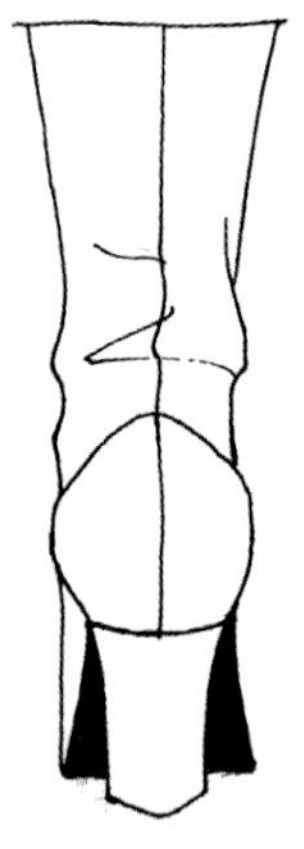

图2-3-111 脚部形体与靴子结合理解十

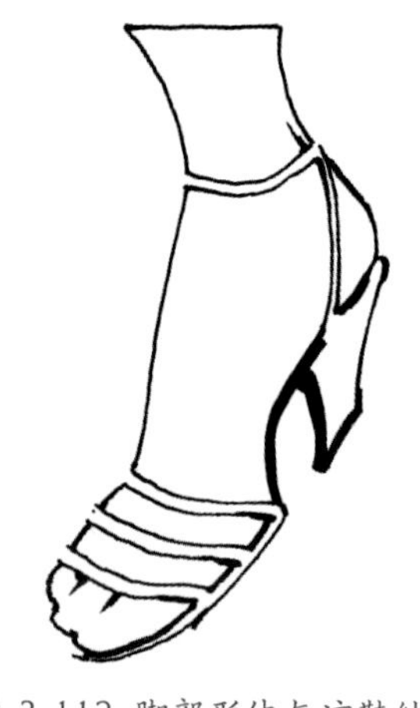

图2-3-112 脚部形体与凉鞋结合理解一

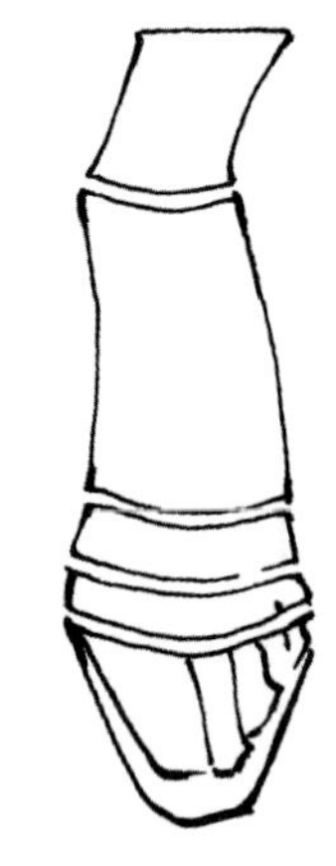

图2-3-113 脚部形体与凉鞋结合理解二

图2-3-114脚部形体与尖头鞋结合理解一

图2-3-115 脚部形体与尖头鞋结合理解二

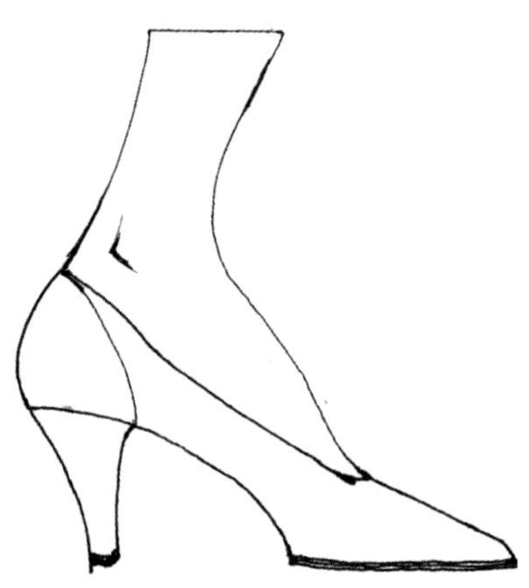

图2-3-116 脚部形体与尖头鞋结合理解三

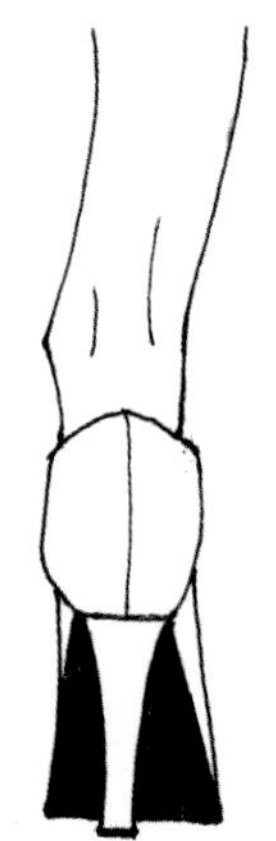

图2-3-117 脚部形体与尖头鞋结合理解四

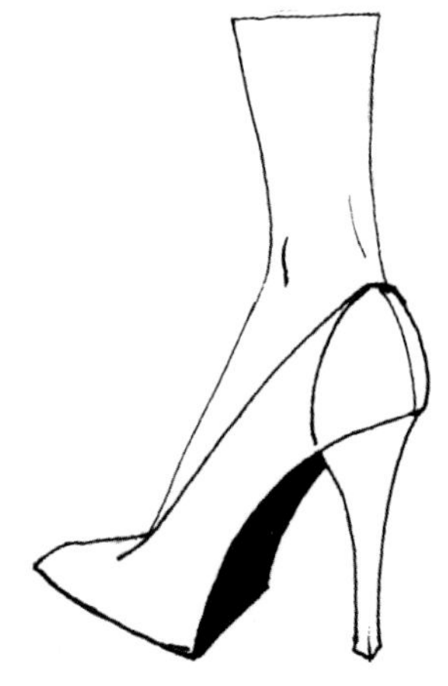

图2-3-118 脚部形体与尖头鞋结合理解五

图2-3-119 脚部形体与尖头鞋结合理解六

（一）男性脚及鞋的画法

系带的鞋画起来更要严谨，立体的鞋带不是由单线表示的，深颜色的鞋带可以用调子来体现，浅颜色的鞋带就不必上调子（图 2–3–120，图 2–3–121）。男鞋的款式没有女鞋的款式丰富，对于男性的鞋款来说，比较复杂的是系带的鞋款，如图 2–3–122 ～图 2–3–131 是常见的几种系带鞋的绘制。

图2-3-120 男性穿系带鞋时的脚部刻画

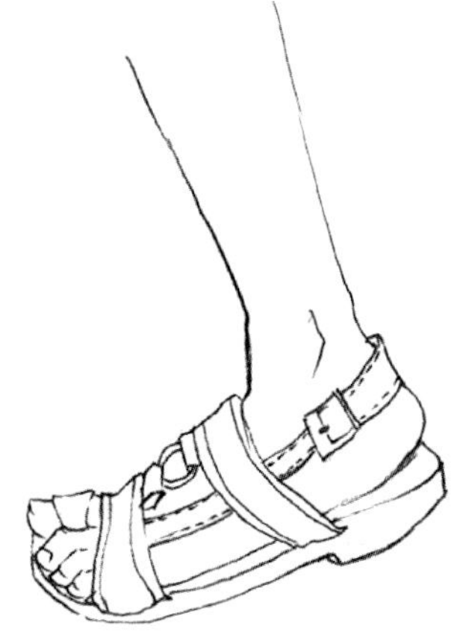

图2-3-121 男性穿凉鞋时的脚部刻画

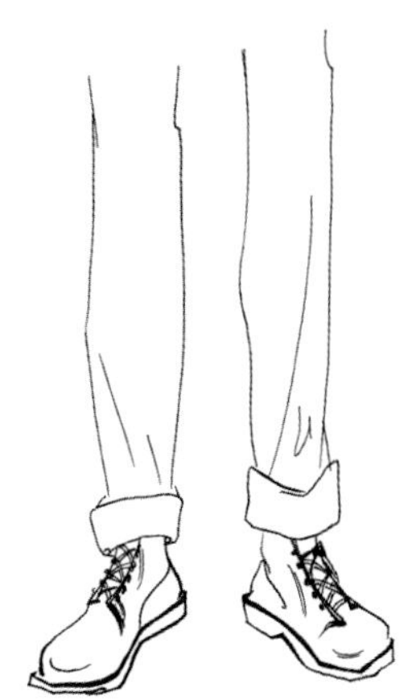

图2-3-122 着装站立状态下，脚部和部分腿部的描绘方法

图2-3-123 以双线表现鞋带效果

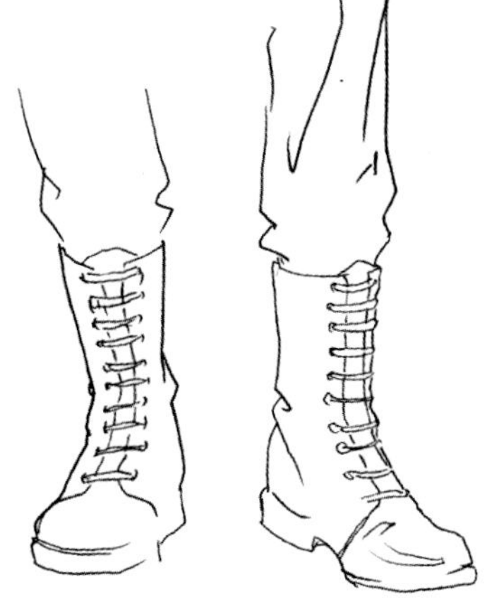

图2-3-124 画靴子时，鞋面连接小腿、脚踝、脚背的那条线，要随着身体内部结构的转折而产生曲线变化

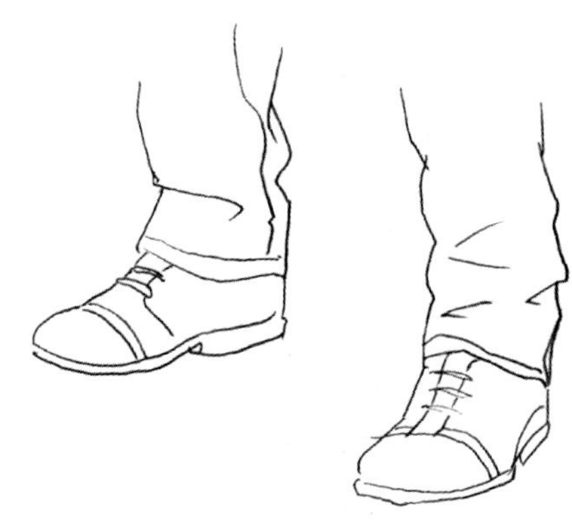

图2-3-125 以单线表现的鞋带效果

图2-3-126 侧面站立时鞋的画法

图2-3-127 行走状态时鞋的画法

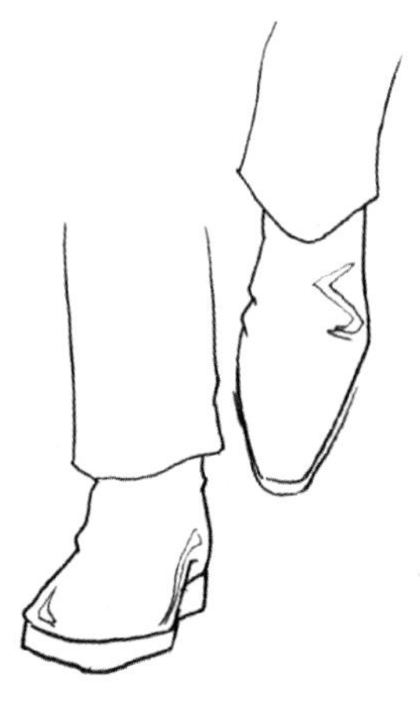
图2-3-128 鞋面的曲线代表着内部脚部形体的变化

图2-3-129 双脚要按透视有主次的刻画

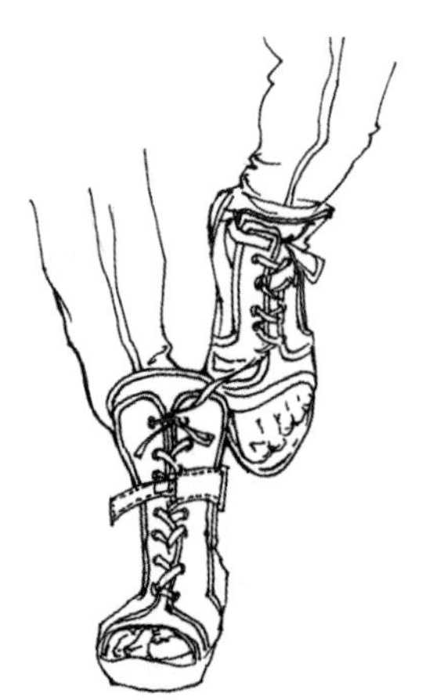
图2-3-130 复杂鞋款一

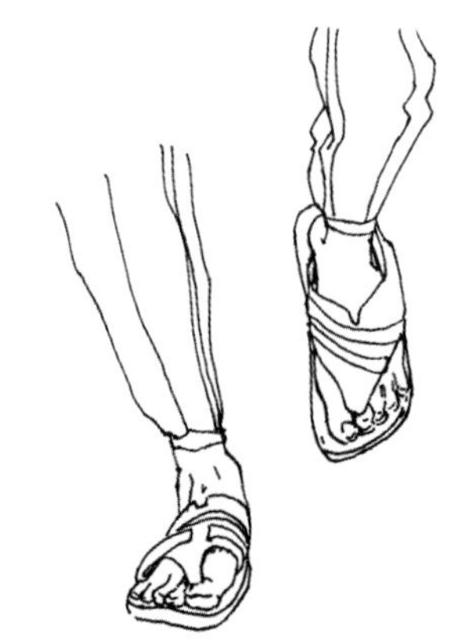
图2-3-131 复杂鞋款二

小贴士 运动状态下，裤脚部分要和鞋与脚的运动状态统一。

（二）女性脚及鞋的画法

女性穿着裙装及凉鞋的时候较多，因此脚部和腿部的刻画显得更为重要（图2–3–132～图2–3–136）。

图2-3-132 不同凉鞋的角度和状态刻画一

图2-3-133 不同凉鞋的角度和状态刻画二

图2-3-134 不同凉鞋的角度和状态刻画三

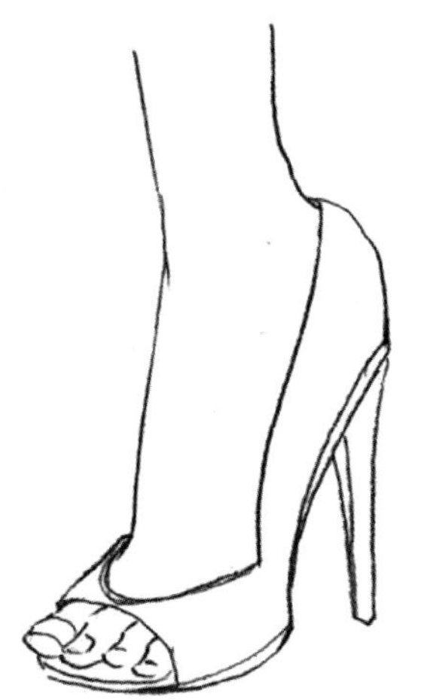

图2-3-135 不同凉鞋的角度和状态刻画四

图2-3-136 不同凉鞋的角度和状态刻画五

小贴士　刻画高跟鞋的时候，前脚掌鞋底和鞋跟要保持在同一水平线上。

图 2–3–137 ~图 2–3–156 是常见女士鞋款的表现。

图2-3-139 侧面脚和鞋的画法，鞋贴合脚的形态

图2-3-137 脚趾和鞋的结合处要透视准确

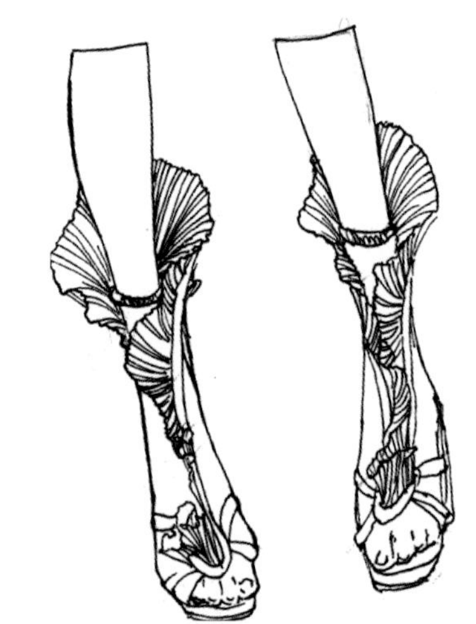

图2-3-140 脚踝部的装饰要能体现腿部的转折

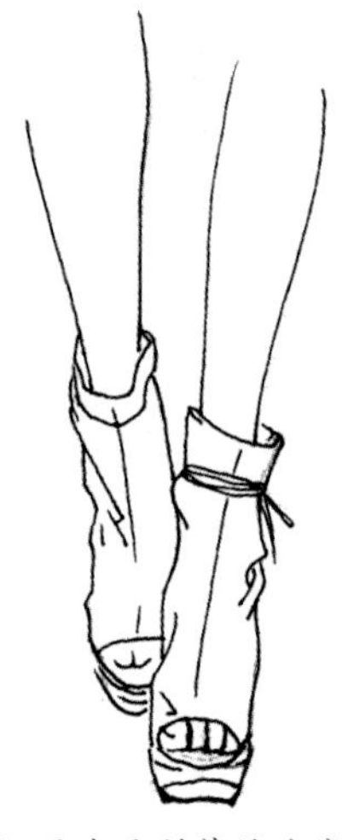

图2-3-138 用连贯利落的曲线表现正面脚和鞋

图2-3-141 绘制带有动势的凉鞋时，高跟的角度和鞋的贴合角度很重要

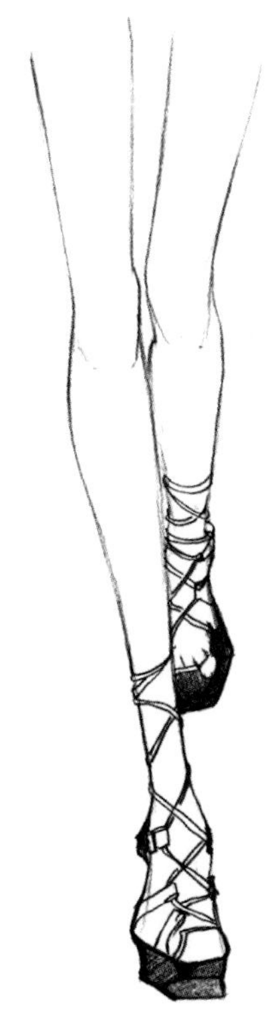
图2-3-142　穿鞋时脚部及腿部的各种姿态表现一

图2-3-143　穿鞋时脚部及腿部的各种姿态表现二

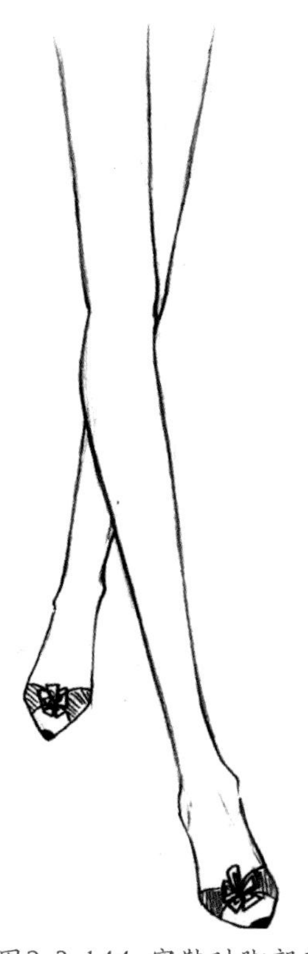
图2-3-144　穿鞋时脚部及腿部的各种姿态表现三

图2-3-145　穿鞋时脚部及腿部的各种姿态表现四

图2-3-146　穿鞋时脚部及腿部的各种姿态表现五

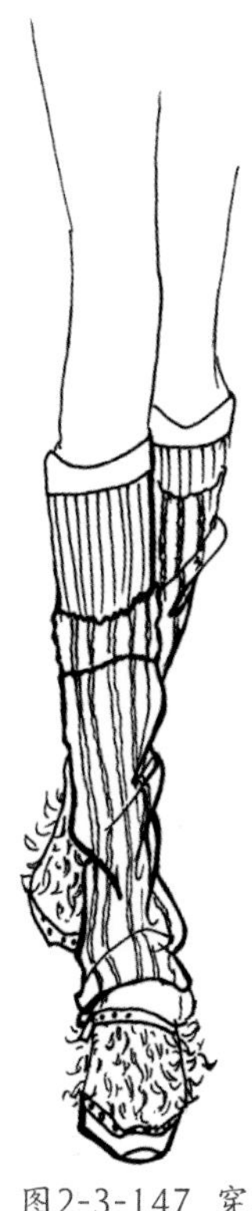
图2-3-147　穿鞋时脚部及腿部的各种姿态表现六

图2-3-148 穿着裤装时的状态一

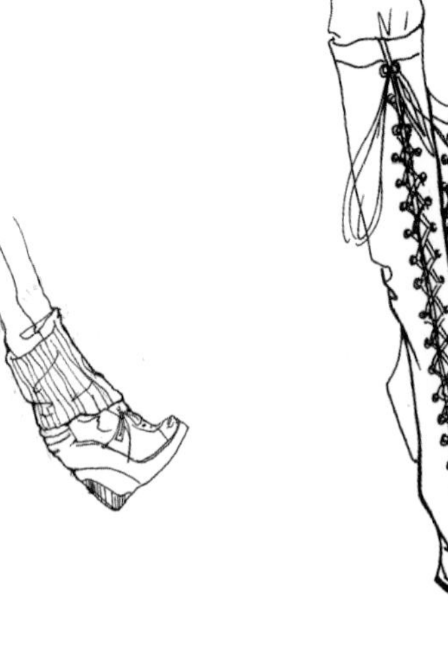

图2-3-149 穿着裤装时的状态二

图2-3-150 黑白点绘表现闪亮鞋款

图2-3-151 鞋品的装饰需要细致刻画

图2-3-152 增高加厚的女鞋，刻画前脚掌高度时透视是前窄后宽，不能画成平行的

图2-3-153 点排列成线表现鞋带上的明线

小贴士 女性的鞋在服装速写中是一个不可或缺的看点，画鞋用的每一条线都要清晰，外轮廓线可适当加重。

图2-3-154 鞋内部状态要符合透视

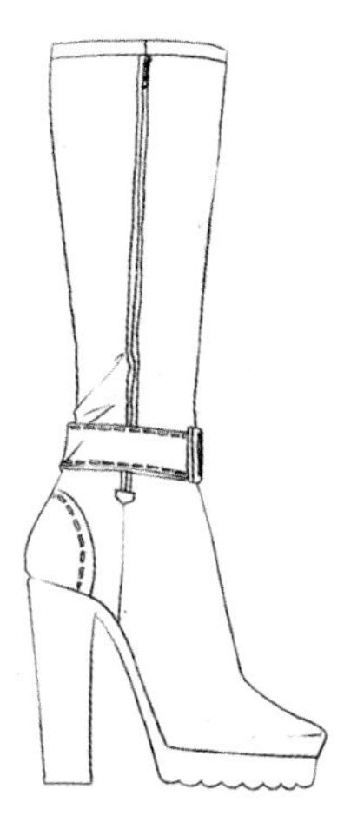

图2-3-155 画女士的靴子注意表现转折与褶纹

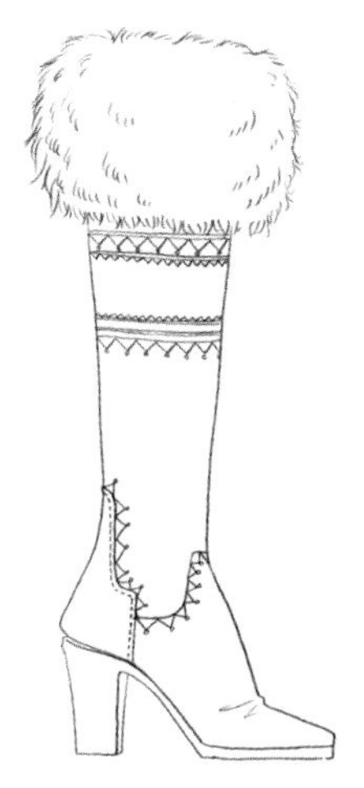

图2-3-156 带有毛边的女鞋，绘制皮毛的边缘线不适合用连贯曲线，会缺少蓬松效果

小贴士 对于图案特别丰富或者繁琐的鞋款，可以对图案适当概括，但要保证整体效果美观。

03

第三章

素描服装速写

第三章　素描服装速写

第一节　素描服装速写的概念

素描服装速写，就是不着色，通过概括性的线条将服装设计的构思落实到纸上，即以线为主针对整体服装造型进行的快速写生。

本书所讲的服装速写包括素描服装速写和着色服装速写。对于素描服装速写的练习能使学生感受和了解服装整体的造型，有利于提高审美能力，帮助认识服装面料，掌握表现技法，培养创造能力和表现能力。

第二节　绘制前的精心准备

工欲善其事，必先利其器。俗话说“巧妇难为无米之炊”，绘画之前对于用具的准备工作是必不可少的。在绘画工具方面，素描服装速写只通过黑白灰来表现，不需要上色工具。

素描服装速写所需的画笔工具包括软硬铅笔、自动铅笔、钢笔、圆珠笔、水性笔、针管笔、马克笔、炭铅、毛笔及墨汁等，这些画笔绘画出来的虽然都是无彩色，但却能表现出各种不同的服装面料及不同的质感，因此要准备齐全。同时，也可以准备好白色画笔和高光橡皮，用于特殊部位的提亮以及细节处理（图 3–2–1 ～图 3–2–3）。

常用的纸张包括素描纸、速写纸、卡纸、复印纸等。另外可准备硫酸纸，在临摹阶段做透稿使用。其他用具还需准备橡皮、双面胶、留白胶、涂改液、调色盘等（图 3–2–4 ～图 3–2–7）。

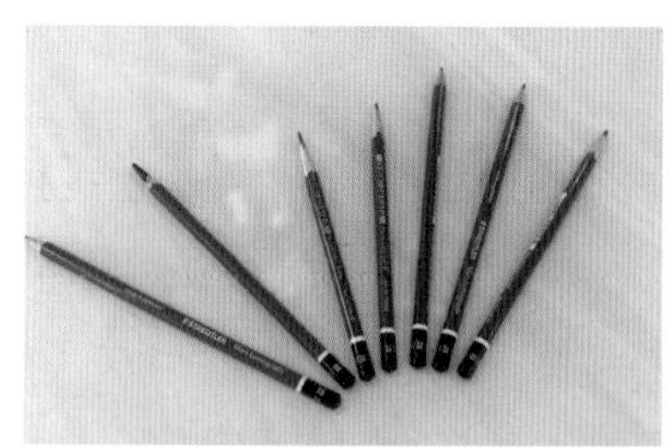

图3-2-1 软硬铅笔

图3-2-2 油性笔和水性笔

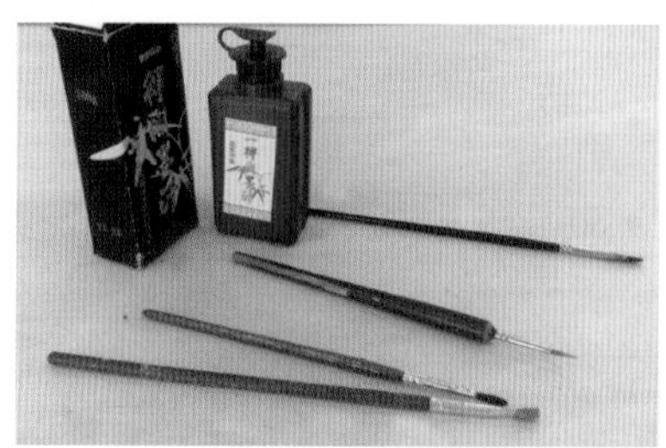

图3-2-3 墨汁和勾线笔

图3-2-4 纸张一

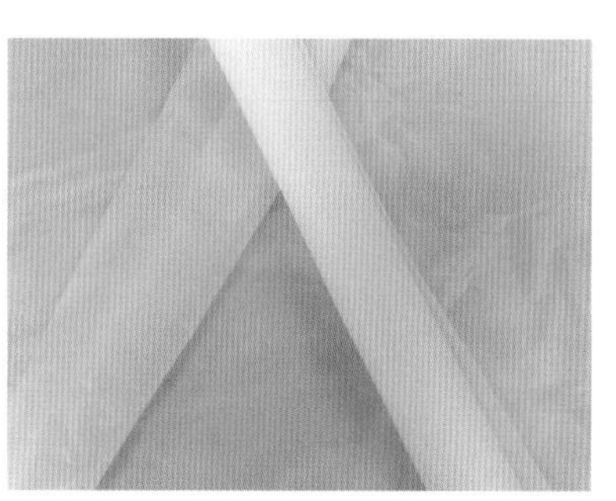

图3-2-7 透稿所用硫酸纸

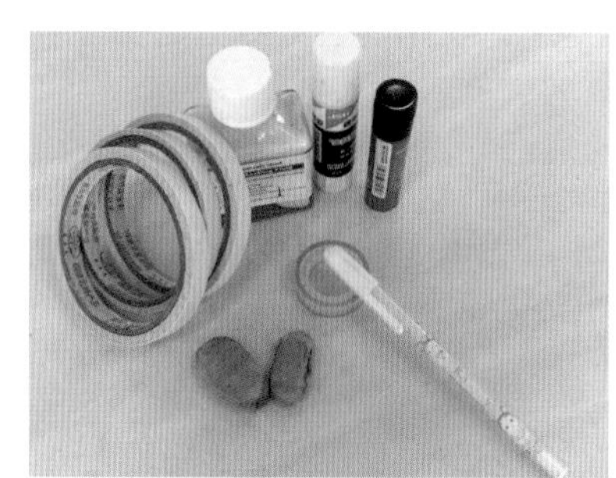

图3-2-6 辅助工具

图3-2-5 纸张二

第三节 如何画好素描服装速写

一、以线为主

素描服装速写的整个绘制过程，从起稿到完成，包括面料质感的刻画，需使用不同粗细的线条进行表现。

素描服装速写步骤（图 3-3-1 ~图 3-3-5）

图3-3-1 着装模特照片

图3-3-2 步骤一，铅笔起稿，确定双肩和髋部动势，按照动势勾画出大致轮廓

图3-3-3 步骤二，确定面部五官位置、手脚姿态、服装和鞋包的款式

图3-3-4 步骤三，完善细节

图3-3-5 步骤四，完成稿

二、整体布局

对于速写的服装造型需要进行主观的归纳与调整，根据画面需要安排全身各部分服装的褶纹疏密关系以及黑白灰搭配，使整体看起来韵律和谐。

（一）褶纹疏密分布

服装褶纹疏密的分布不一定完全遵照事实，可以简化提炼，以能展现服装及人体美感为标准来安排服装褶纹（图3–3–6）。

图3-3-6 线条干净利落，不要反复描画

（二）黑白灰搭配

根据画面需要精心设计整体的黑白灰的布局，服装速写中所谓的"黑"不是将画面完全涂黑，"白"也不是大面积留白，而是要掌控好画面整体的节奏感，以区分服装的色调和质感（图3–3–7～图3–3–9）。

图3-3-7 黑白灰所占画面面积不可一致

图3-3-8 线条要有深浅、浓淡差异

小贴士

- ◆ 服装褶纹出现的位置一般在骨骼的转折处，例如肘关节、膝关节的转折处应着重运用服装褶纹进行强调，其他部位的褶纹做相对减弱或省略的处理，如果将服装上所有的褶纹都一丝不苟地表达出来，会使整体没有疏密关系和主次关系，破坏整体造型。
- ◆ 如果服装速写用线不讲究疏密关系，没有黑白灰差异，就会使整体造型平淡或不分主次。

图3-3-9 黑白灰的安排不单指服装，还包括头、手、脚和皮肤，即整体服装造型

图3-3-10 选择性地刻画衣纹

小贴士 胸部、臀部较丰满的位置不宜刻画过多衣纹。

（三）衣纹的作用

衣纹是指人体由于运动而引起的服装表面的褶皱变化，这些变化直接反映着人体各个部位的形态及其运动幅度的大小。当人体各个部位运动时，由于牵引的作用导致衣服的某些地方出现余量，即堆积产生了衣纹。由于服装面料的品种丰富多彩，质感各异，所产生的衣纹也各具特色。衣纹能够体现出服装的质感，人体通过衣纹能显现完美的人体动态以及服装造型（图3–3–10）。

三、重要的学习方法——临摹

临摹的过程主要包括透稿与线描拓印。透稿与线描拓印是快速、直观体会和掌握服装人体比例和动势的有效方法，有助于增强对服装速写的感受，培养新的观察方法和表现方法。

临摹的过程（图3–3–11 ~图3–3–16）

1. 挑选模特图片后，用硫酸纸进行拓印。先将硫酸纸裁到适当的大小，让其正好覆盖在所选的图片上，再用双面胶将硫酸纸的一边与图片边缘黏合固定，以免透稿时位置变动。

2. 用铅笔对服装图片进行透稿，用线来描摹，不需要调子表现。

3. 再将硫酸纸上的线稿拓印到第一步选择好的纸张上。

图3-3-11 准备照片

图3-3-12 将硫酸纸覆盖在时装图片上，用铅笔勾线对其进行拓描

图3-3-13 已经描在硫酸纸上的线稿

小贴士 在整个透稿与线描拓印过程中，重点是要熟悉服装速写的人体比例，习惯省略调子只用线来表现服装的造型，并且要注意对线的归纳，保证线条的流畅性。

图3-3-14 把硫酸纸上没有绘制线稿的背面用铅笔涂满调子，然后将硫酸纸上涂满调子的那一面覆盖在一张白纸上，再描一遍，这款服装造型就被拓印到白色画纸上了

图3-3-15 拓印后得到的线稿

图3-3-16 注意用线的疏密、主次、虚实、长短等关系，对线的运用要主观加以整理和归纳，不可完全照抄原时装图片,要主观整理和归纳线的关系

四、局部的画法

（一）皮肤、发型、妆容的绘制

1. 男性（图 3-3-17 ~图 3-3-28）

服装造型千变万化，头部的整体造型也会随之变化，有时不免会出现特殊、怪诞、夸张的表现风格。

图3-3-17 绘制男性面部时，面部皮肤留白，用较粗重的线条绘制眉毛和眼睛

图3-3-18 绘制胡须时，切忌画得含糊不清，影响面部的整体效果

图3-3-19 特色发型表现一

图3-3-20 特色发型表现二

图3-3-21 特色发型表现三

图3-3-22 特色发型表现四

小贴士　刻画男性比较张扬有个性的发型时，可以用排调子的方法来表现，要注意整体的明暗关系，可以将头发分组表现后，再用几条线条强调局部的发丝。

图3-3-23 墨镜的表现

图3-3-24 阴影部分用灰调子过渡

图3-3-25 男性戴有帽子的头部刻画一

图3-3-26 男性戴有帽子的头部刻画二

图3-3-27 男性戴有帽子的头部刻画三

图3-3-28 头发和五官表现手法要统一

2. 女性（图 3-3-29 ~图 3-3-51）

小贴士　当刻画女性侧面头部时，颧骨不宜表现得过于明显，以曲线绘制。

在服装速写中，女性头部除了发型变化比男士丰富外，各种发饰也经常出现，比如发带、鲜花、帽子等。

图3-3-29 面部皮肤用留白处理

图3-3-30 强化上眼线，在眼部涂阴影以表现眼影

图3-3-31 嘴唇按明暗关系绘制一些调子可以体现嘴唇的立体感

小贴士　头发需要先分区，再对每个区域展开刻画，耳朵部位自然隐于发丝之中，长卷发的刻画不要过于强调发卷部分，要把头发自然的下垂感和蓬松感表现出来。

图3-3-32 展现头发蓬松感

图3-3-33 飘逸的长发多以连贯的长曲线绘制

图3-3-34 剪齐的短发，发梢可以仿照图中的方法结束在一条曲线上，而非直线，一缕一缕下垂的头发也要用曲线，为了表现头发的垂感，可以在头发的下半部分或者发梢处把头发刻画得密集一些

图3-3-35 头发分区表现避免凌乱

图3-3-36 头发笔触与五官笔触一致

图3-3-37 画卷发时着重刻画头发中段，发尾方向尽量不要一致

小贴士 在服装速写中，女性所戴的各种发饰也经常出现，比如发带、鲜花、帽子等。

图3-3-38 女性头部饰品刻画一

图3-3-39 女性头部饰品刻画二

图3-3-40 女性头部饰品刻画三

图3-3-41 女性头部饰品刻画四

图3-3-42 女性头部饰品刻画五

图3-3-43 女性头部饰品刻画六

图3-3-44 女性头部饰品刻画七

图3-3-45 女性头部饰品刻画八

小贴士 若发饰是整体服装造型的亮点或者关键所在，头发的刻画就要相对放松，掌握好头部主次的表达。

图3-3-46 女性特殊发型表现一

图3-3-47 女性特殊发型表现二

图3-3-48 女性特殊发型表现三

图3-3-49 女性特殊发型表现四

图3-3-50 女性特殊发型表现五

图3-3-51 女性特殊发型表现六

小贴士 侧面或者眼睛闭起来的时候，眼睫毛要画得夸张一些。

（二）面料的绘制及工具的运用

通过单色速写来表现不同面料之间的质感差异，是绘制的重点与难点所在。不同的线给人以不同的感受，通过线条刚与柔、重与轻的不同表达，以此来体现不同的面料质感。

接下来具体分析各种面料的绘制方法。

1. 牛仔面料的绘制

牛仔面料是日常中比较常见的面料，这种面料具有明显的织纹，布料较为厚重、粗糙感强、质地较硬，因此在表现牛仔面料时可以通过线的密集排列来体现其纹理、通过明暗褶纹对比来体现其厚重感。牛仔面料的缝合线位置用虚线、实线交替的方式来表现（图 3–3–52 ～图 3–3–54）。

如果遇到表面相对平滑，并且有下垂感的牛仔面料时，则可以减弱对其织纹和厚重感的表现，同时为了使人感觉出是牛仔面料，就要把重点放在牛仔裤线的刻画上，也要通过实线、虚线交替的方式表现，但要注意深浅、粗细的变化。

带有磨漏痕迹的牛仔裤，和前几种牛仔面料的表现方法都不同，要先用含有干墨的毛笔或者快要没有水的马克笔涂一层底色，注意这层底色不能涂满，要留出一些空白，既能表现出腿部的立体感，又符合面料的磨旧感，然后用较细的笔勾画出破洞部分，再用实线和虚线在必要的位置表示出牛仔裤特有的明线。

图3-3-52 用铅笔排列织纹

图3-3-53 通过线的变化体现面料质感

图3-3-54 浅色牛仔服装绘制时以灰调和亮调为主

小贴士　牛仔面料的边缝不同于常规裤子款式，只要将边缝细致地刻画出来，就能表现出牛仔面料的特征。

2. 纱质面料的绘制

纱质面料具有飘逸、透明的特征，其特点是轻薄、柔软。在刻画纱质面料时，用线不能过实、过重，可以把线隐藏在黑、白、灰关系中。工具的使用上，用炭笔或者软铅笔刻画比较适合，通过笔和纸张的接触，留下的痕迹可以体现出纱质面料的平滑感（图 3-3-55 ~图 3-3-63）。

图3-3-56 用软铅笔由暗部向亮部刻画

图3-3-55 先画明暗关系，后画条纹

图3-3-57 大面积灰调子表现纱的轻薄感

图3-3-58 多次叠加灰调子表现纱的透明叠压效果

小贴士　透明且具有一定硬度的纱质面料可以通过强调其边缘来体现纱的硬度。

图3-3-59 腿部皮肤的透明感是体现质感的关键

图3-3-60 淡淡涂上一层灰调子，再用橡皮轻轻擦去，透明感更自然

小贴士　带有花纹图案的纱质面料要适当保留其亮部，以体现其透明感。

图3-3-61 裙子的褶皱线条最后刻画

图3-3-62 墨水铺垫底色，马克笔勾绘阴影及边缘

图3-3-63 由内向外从深变浅使层次空间明晰

小贴士 有些既有图案，质地又较厚的纱质面料，可以将花纹图案刻画得密集一些，以体现出厚重感。

3. 丝绸面料的绘制

丝绸面料表面光滑，表现丝绸面料需适当分布黑、白、灰的比例，过渡要均匀，以体现面料的光滑。也可以在局部加强黑白对比，以体现面料表面的反光（图 3–3–64 ~ 图 3–3–69）。

图3-3-64 用较细腻的调子表现丝绸的光泽感

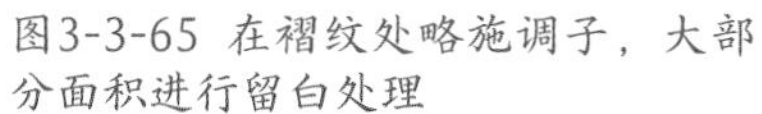

图3-3-65 在褶纹处略施调子，大部分面积进行留白处理

图3-3-66 浓重的黑色边缘用签字笔描画完成

图3-3-67 边缘线绘制时要注意虚实的处理

小贴士 绘制丝绸面料可以用连贯的实线来表现褶皱和边缘线，通过投影和受光的黑白对比强化面料表面的光滑和反光。

图3-3-68 暗部用碳铅笔描绘的效果

图3-3-69 灰面除了画出来还可用晕染、点绘过渡的方法表现

小贴士 绘制长裙时，可适当夸张下半身的长度，从而更能体现服装造型。

4. 毛织面料的绘制

在刻画毛织的服装及配饰时，可以模仿其真实状态，用经纬相交的线条来表现，更显细腻（图 3–3–70 ~ 图 3–3–78）。

图3-3-70 按照织物的编织花纹描绘

图3-3-71 水性笔、针管笔结合运用表现面料

图3-3-72 绘制织物质感要按人体动势加入透视

图3-3-73 小面积花纹，刻画每小块之间留亮面

小贴士 毛织面料手感较柔软，绘制时用灰色调子打底，或者勾画完经纬线后，再淡淡地上一层灰调子。

图3-3-74 起稿先用线条勾勒出图案，再精细刻画

图3-3-75 外衣的调子使用软铅笔侧锋绘制

图3-3-76 针管笔描绘的编织纹理效果

图3-3-77 服装轮廓用单线一气呵成

图3-3-78 织物的体积和厚度可用投影刻画

小贴士 毛衣织纹图案要概括表现。

小贴士 单纯勾线也可以表现毛织面料，适宜用针管笔等笔尖细的工具完成。

图3-3-79 硬铅笔刻画为主

5. 棉质面料的绘制

棉质面料有薄厚、软硬之分，绘制时要注意根据不同面料质感选择不同工具和线条（图3-3-79～图3-3-81）。

图3-3-80 马克笔侧着或者垂直行笔表现不同粗细的线条

小贴士 使用马克笔刻画时，线条要有力量，以表现面料的挺括感。

图3-3-81 使用铅笔勾线，下笔不宜太重

小贴士 用细线勾绘带有弹力和垂感的棉布面料。

6. 毛呢面料的绘制

毛呢面料质感厚重，外形挺括。绘制时用铅笔或软铅笔倾斜于纸面进行刻画，通过运用不同工具和不同技法，展现出面料质感（图 3–3–82 ~ 图 3–3–87）。

图3-3-82 表现毛呢面料的质感，涂调子时避免留下明显的笔触方向感

图3-3-83 亮面不留白，單层灰色

图3-3-84 保留笔触与纸面自然形成的痕迹

图3-3-85 明暗交界线清晰，亮部大面积留白的处理方法

小贴士　毛呢面料具有一定厚度，绘制时用软铅笔多次多层进行刻画。

图3-3-86 在灰调子基础上施重调子画图案

图3-3-87 线的排列或者点的聚集也能体现面料质感

图3-3-88 针管笔与铅笔结合表现面料

7. 皮革面料的绘制

皮革面料相对于其他面料看起来更加挺括，因此刻画皮革面料时下笔用线要果断，线要连贯，表现褶皱时除了用线还可以直接通过黑、白、灰，面与面之间的交接来表现（图 3–3–88 ~图 3–3–92）。

图3-3-89 光滑皮革表面通过加强黑白对比表现光泽感

图3-3-90 皮革表面的高光要有虚实处理

图3-3-91 保留灰面，比突兀的留白效果更自然

图3-3-92 皮革裙装的边缘线不需要单独勾画

8. 皮草面料的绘制

皮草面料要通过大量密集的、长短不一的线条表现皮草的厚度和蓬松感（图 3–3–93 ~ 图 3–3–107）。

图 3–3–105 和图 3–3–106 用短线排列线段，线段间留出空白的画法。

图3-3-93 针毛之间排列不需要太密集

图3-3-94 针毛的方向、长短按透视规律刻画

图3-3-95 描绘短毛的皮草面料，可以用大面积空白的手法暗示毛皮的松软与厚度，只在轮廓边缘挑画出较短且排列密集的针毛效果

图3-3-96 点的排列形成边缘轮廓

图3-3-97 衣身局部画小碎点可以体现皮毛效果

3-3-98 点绘的位置要准确

小贴士 用“点的移动轨迹”或者“点的排列”替代线也可以很好地表现皮草。

图3-3-99 点线结合，在线的边缘点绘

图3-3-100 用曲线描绘较长的毛线

图3-3-101 用铅笔加重处理局部轮廓

图3-3-102 铅笔画灰色针毛，炭铅画重色

图3-3-103 长曲线适合表现长些的皮毛

小贴士 针毛比较长的皮草，立体感也很强，可以用留白的方式处理亮面。

图3-3-104 中短线的表达适合表现皮毛一体的面料

图3-3-105 用灰调子绘制底层，再用长短线结合的方式体现毛绒感

图3-3-106 用中短线体现毛绒感

图3-3-107 多种材质表现时，先画下层，再画上面的毛

小贴士 对于皮草服饰的刻画，可以刻意设计并保留一些灰调子，以便帮助表现皮草的蓬松感、柔软感和厚重的效果。

9. 流行丝袜的绘制（图3-3-108 ~ 图3-3-115）

图3-3-108 用针管笔点绘出的黑色丝袜

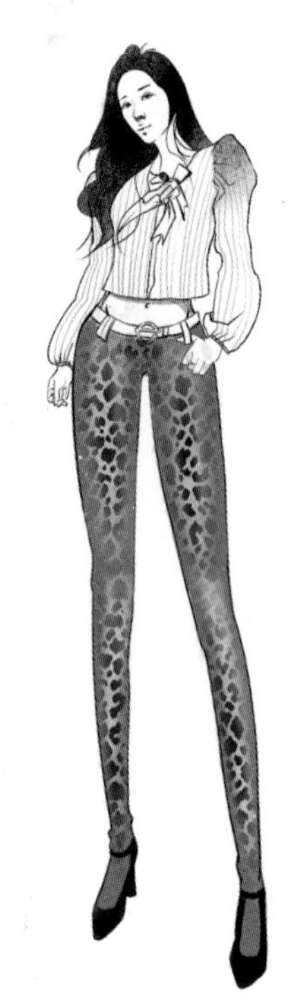

图3-3-109 绘制有花纹的丝袜，先画底色，再在底色上勾画花纹

刻画黑色丝袜时完全涂黑效果不好，并且画面死板发闷，可以对其亮部进行留白后用点绘的方式处理，加深腿部两侧阴影，提亮中间高光，这样既能体现腿的体积感又能展现出丝袜的透光性。

图3-3-110 在膝盖处把调子加重，体现形体转折关系

图3-3-111 淡灰调子表现丝袜，用橡皮擦出高光

图3-3-112 点绘的深浅通过控制用笔力度体现

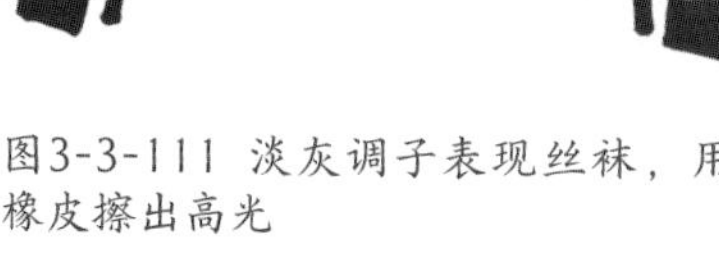

小贴士

刻画带有花纹的丝袜时，为表现花纹，就要将涂黑的地方改成灰色，然后隐约地表现出花纹，不建议留白，因为在白底上表现花纹会显得突兀。

图3-3-113 不把调子涂满，或者涂上后擦去亮部的调子

图3-3-114 用灰色的调子表现丝袜

图3-3-115 先上调子，后画丝袜的图案

小贴士　网状丝袜要按照人体的曲线来勾画丝网的效果，注意腿部曲线弧度走势。

10. 服装整体造型及面料综合表现赏析（图 3-3-116 ~ 图 3-3-135）

图3-3-116 用短促、硬朗的线条绘制衣纹

图3-3-117 通过黑、白、灰体现毛衣织纹的起伏

小贴士 有图案的面料适当减弱褶皱的刻画。

图3-3-118 可以先用铅笔打底稿，之后再细致描绘图案

图3-3-119 用涂抹的方法表现纱质面料的朦胧感

小贴士 画衣纹线的忌讳：忌杂乱无章、忌过分平行、忌过分对称、忌过分齐整、忌无照应关系、忌无取舍、忌肢体截断线、忌交叉无度、忌简单草率。

图3-3-120 华丽的服装适当留白可凸显重点

图3-3-121 强调整体感，细枝末节可概括省略

小贴士　人体结构突出的部位，衣纹多向相反的方向聚集。

图3-3-122 注意褶纹要符合人体动势

图3-3-123 整体用线风格统一

小贴士　绘制衣纹时忌讳平行，应掌握好衣纹之间的走向和韵律，注意疏密对比，体现结构。

图3-3-124 黑、白、灰关系明确，转折部位线条要肯定

图3-3-125 小面积阴影恰当地体现出服装穿着的内外关系

图3-3-126 注意线的粗细、虚实变化

图3-3-127 根据动势和衣纹适当留白

小贴士

◆ 裤子上有很多褶纹，但要有选择地表现，突出膝盖脚腕处的褶皱刻画，注意疏密。

◆ 绘制格子和花纹图案可以概括提炼，不要面面俱到。

图3-3-128 笔断意连

图3-3-129 连贯的线与断续的线结合运用

小贴士　衣纹是表面的，形体是其内在的根本，即形体、动态决定衣纹的各种变化和走势。

图3-3-130 绘制头纱时不需要面面俱到，挑选大的转折概括刻画

图3-3-131 通过不同的工具画出不同的线条

小贴士　服装速写中人物形象的服饰衣纹一般都比较简练概括，衣纹要比较贴切地表达人体结构，表现衣服的质感。

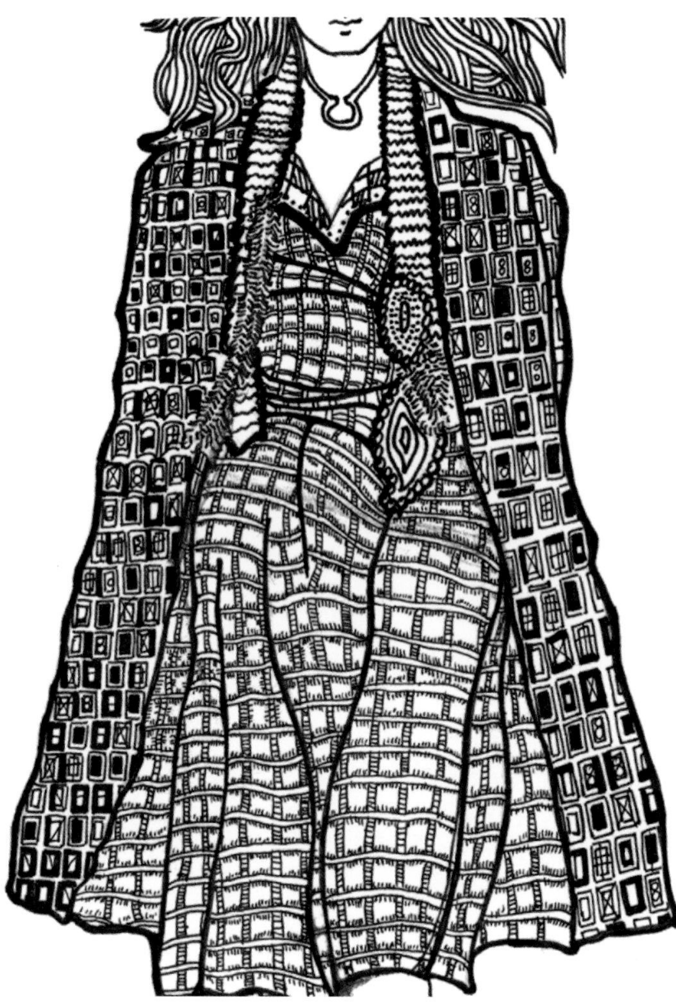

图3-3-132 复杂的服装图案表现

图3-3-133 服装内部图案与服装外轮廓用线要有区别

图3-3-134 服装图案复杂时更需注重黑、白、灰关系

图3-3-135 不同工具综合表现

04

第四章

着色服装速写

第四章　着色服装速写

第一节　着色服装速写的概念

着色服装速写是对服装进行快速上色的写生，是在素描服装速写基础上，为进一步提高学生能力而展开的训练，包括皮肤着色、头发及妆容绘制，以及各种服装面料的表现。

除素描服装速写必备的工具外，还应准备一些彩色画笔及颜料，具体包括彩色铅笔、马克笔、彩色水性笔、彩色油笔、油画棒、水粉和水彩颜料等。纸张方面，要对应不同的色彩工具准备相应的各种纸张，例如水粉纸、水彩纸、复写纸等（图 4–1–1 ～图 4–1–4）。

图4-1-1 马克笔

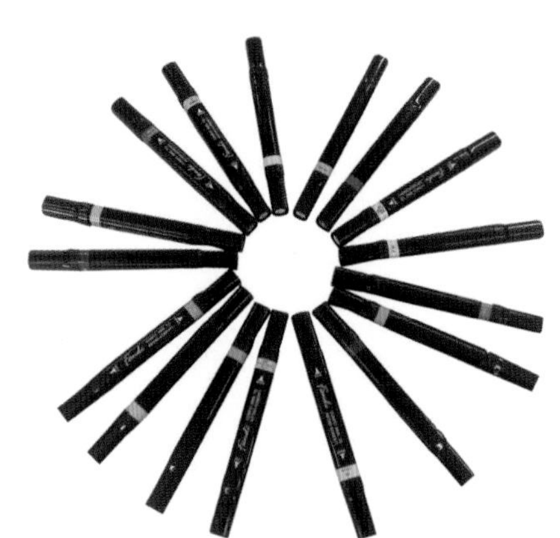

图4-1-2 马克笔

图4-1-3 粉笔

图4-1-4 油画棒

第二节　如何画好着色服装速写

绘画着色服装速写要按照一定的顺序进行绘制，首先应确定好单色线稿，其次对皮肤进行统一着色，再次绘制出头发和妆容，最后选用合适的工具表现服装色调及面料质感。

着色服装速写基本步骤（图 4–2–1 ~图 4–2–6）

图4-2-1 照片

图4-2-2 步骤一，绘制线稿

图4-2-3 步骤二，五官和皮肤着色

图4-2-4 步骤三，对服装上第一遍颜色

图4-2-5 步骤四，深入着色刻画

图4-2-6 步骤五，完成稿

一、皮肤着色

画出人体后，首先要对皮肤进行着色，将皮肤亮部，也就是受光部分留白，皮肤暗部用颜色表现出来。待颜料干后，要对皮肤的阴影部分进行第二次上色，加重面部明暗关系的对比（图 4–2–7 ~图 4–2–14）。

图4-2-7 同人体不同颜色上色效果比对一。用水彩颜料和水彩笔，全身平涂着色

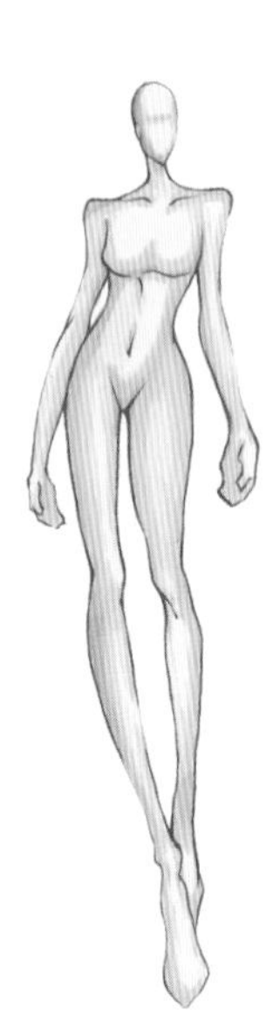

图4-2-8 同人体不同颜色上色效果比对二

图4-2-9 同人体不同颜色上色效果比对三

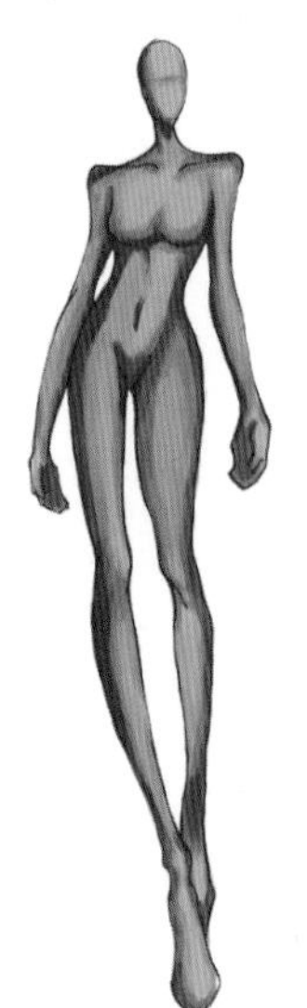

图4-2-10 同人体不同颜色上色效果比对四

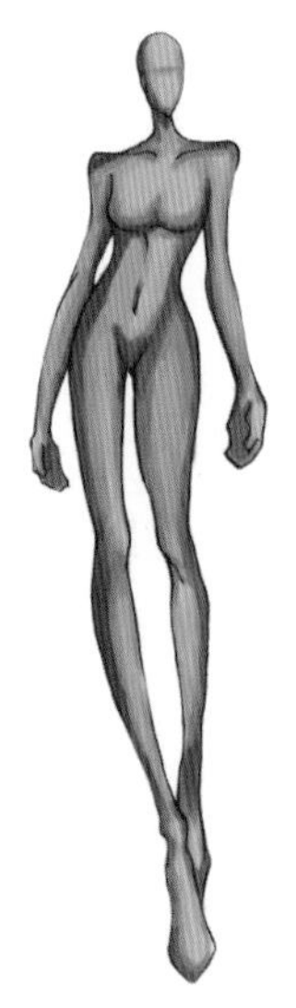

图4-2-11 同人体不同颜色上色效果比对五

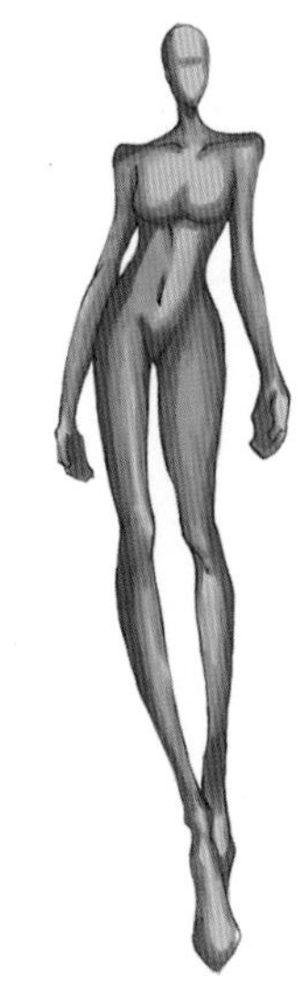

图4-2-12 同人体不同颜色上色效果比对六

小贴士 整个皮肤着色的次数不需太多，两遍即可，体现人体皮肤的干净与通透感，着色次数过多会使皮肤的颜色变脏、变暗以及不透气。

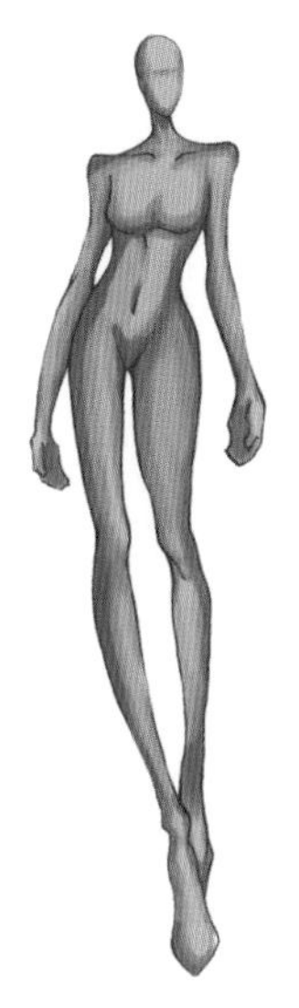

图4-2-13 同人体不同颜色上色效果比对七

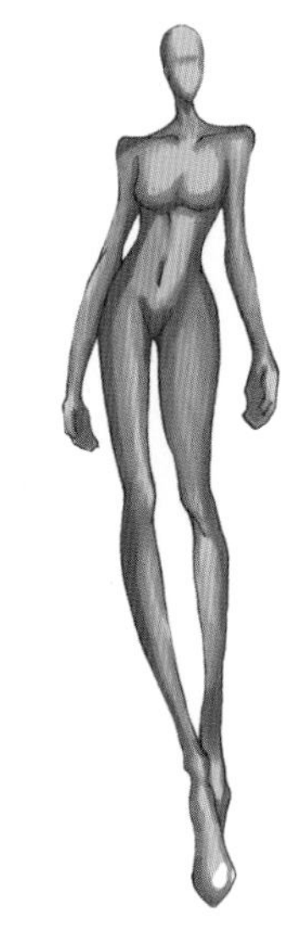

图4-2-14 同人体不同颜色上色效果比对八

二、头发及脸部着色

头发及脸部的着色既可以放在整个服装造型着色之前进行，也可以放在服装造型着色之后进行。头发的着色效果大体上可分为两种，一种是通过大面积晕染对头发进行着色，另一种则是通过强调发丝的方式体现整体形象特色（图 4-2-15，图 4-2-16）。

图4-2-15 用水彩绘制头发时，先将黑色水彩颜料大量加水，对头发整体晕染，再调制略深一些的颜色对头发局部再次罩染，然后用小号水彩笔勾画眼眉和眼线

图4-2-16 彩色铅笔描绘的头发，从暗部往亮部一层层上色，脸部边缘线着皮肤色以显示脸部立体感

小贴士 进行脸部着色时一般不要太过夸张，保持淡雅的色调有利于与各种服装进行搭配。

三、面料的绘制及工具的运用

1. 丝绸面料的绘制（图 4-2-17 ～图 4-2-23）

图4-2-17 丝绸面料注重表现面料的光感

图4-2-18 强化明暗对比有助于表现面料质感

图4-2-19 用彩色铅笔绘制出丝绸的细密织纹效果面料

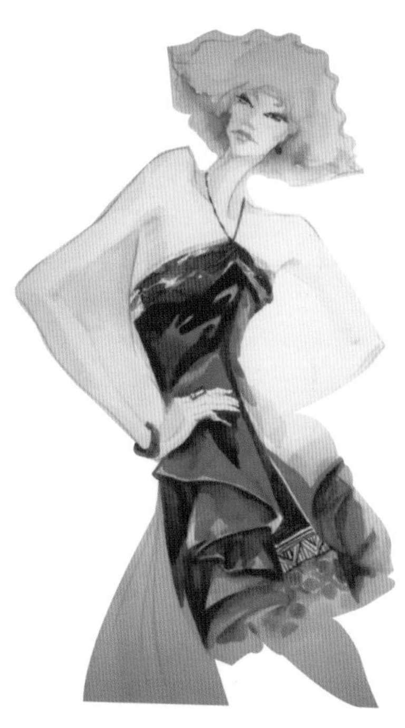

图4-2-20 水彩颜料表现的丝绸面料

小贴士 光线照射在丝绸面料上会产生比较强的反光，绘制这类面料要注意在表现服装固有色的同时，还要加强明暗的对比。

图4-2-21 丝绸面料与其他面料组合，绘制时要注意不同面料质感的区分

图4-2-22 彩色铅笔适合表现丝绸面料褶纹的平滑感

图4-2-23 色纸平涂表现，调和颜色时要考虑到覆盖底色后的效果

小贴士

- ◆ 绘制较厚重的丝绸面料时，使用水粉颜料和水彩颜料结合的方式表现服装面料的垂坠感和光感。
- ◆ 用水彩颜料来绘制丝绸面料时，颜色的纯度和明度都要高一些，才能体现出丝绸面料的质感。

2. 纱质面料的绘制（图 4-2-24 ~图 4-2-32）

图4-2-24 轻薄的纱先铺底色，后勾花纹

图4-2-25 采用水彩晕染的方法展现面料

小贴士 在绘制带有印花图案的纱裙时，在刻画时不需要照搬原形，挑选主要位置绘制即可。

图4-2-26 以毛笔勾线为主的薄纱绘制

图4-2-27 用写意的方法表现面料的轻薄感

图4-2-28 多层纱需要表现出面料层层叠加的感觉

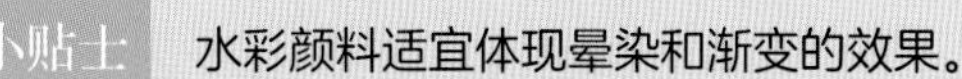

水彩颜料适宜体现晕染和渐变的效果。

图4-2-29 以线为主的着色方式

小贴士 纯色图案简单的纱质面料绘制时要着重交代明暗的变化。

图4-2-30 纱质面料虽然轻薄，但也可以用重色体现层次感和立体感

图4-2-31 用水彩勾线时要干脆利落

图4-2-32 相同色相，运用不同明度和纯度来表现服装面料

小贴士

刻画透明薄纱的质感时只需挑选几处人体转折部位绘制上色，采用边缘勾线的方法体现纱质的透明性和单薄的效果。

3. 棉质面料的绘制（图 4-2-33 ~图 4-2-37）

图4-2-33 用水粉表现的棉质面料

图4-2-34 表达明暗关系时，从亮部往暗部刻画

图4-2-35 水彩颜料配合彩色铅笔完成的画面

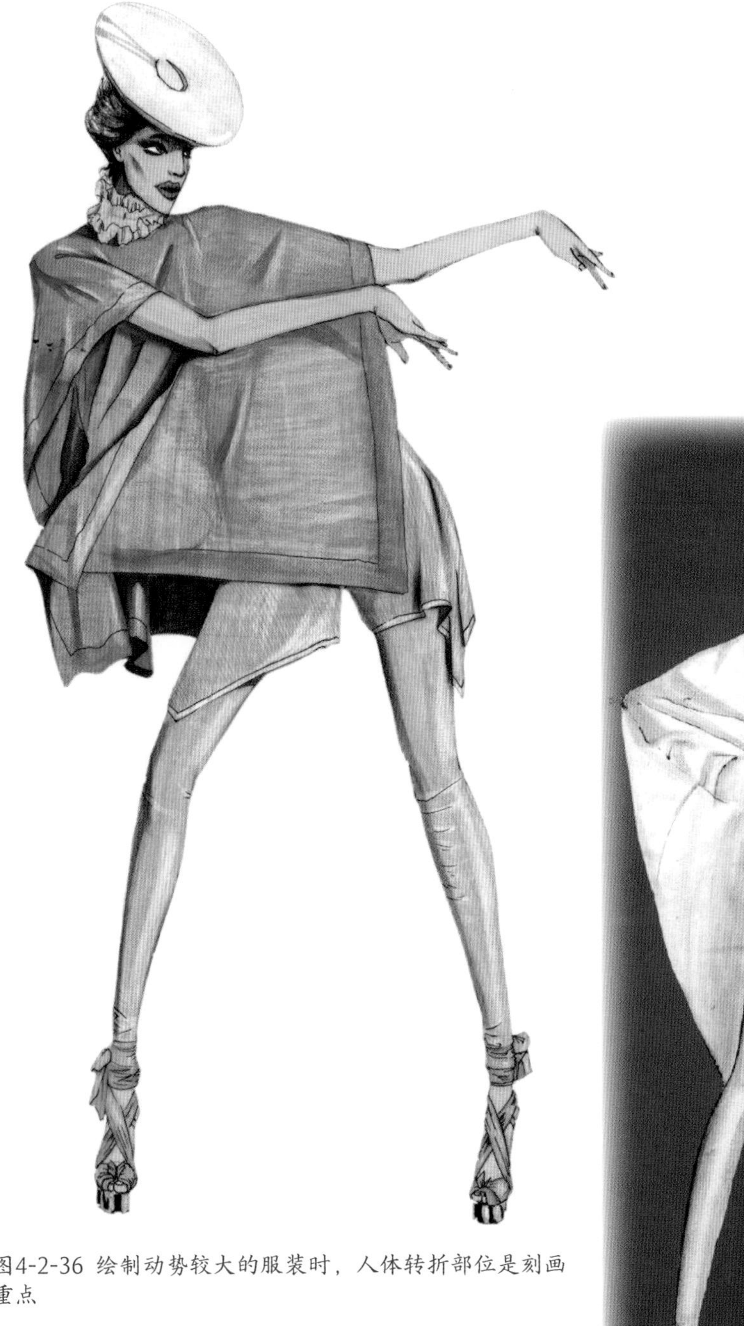

图4-2-36 绘制动势较大的服装时，人体转折部位是刻画重点

图4-2-37 在有色纸张上描绘有助于表现白色面料

小贴士　不能随意选择有色纸张做底色，要考虑是否与服装颜色协调。

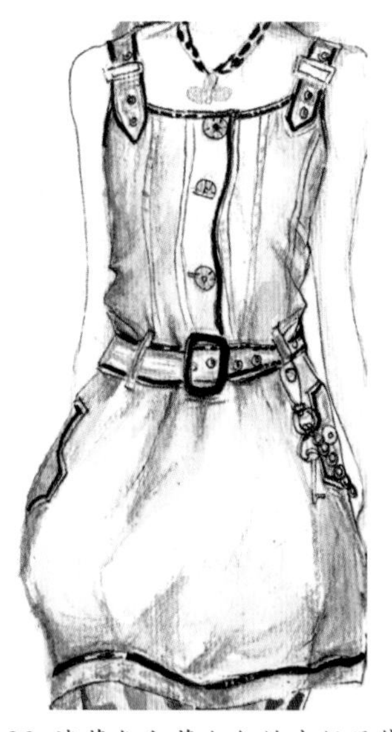

图4-2-38 淡蓝色和蓝白色的牛仔服装适合用水彩表现

4. 牛仔面料的绘制

牛仔面料的绘制可选用水彩颜料和油画棒进行结合。先用淡蓝色水彩打底，通过晕染留出自然的白色，待水彩干后再用蓝色油画棒描绘出服装的褶纹和阴影部分，最后用黑色画笔勾画粗细不同的边缘（图 4-2-38 ~ 图 4-2-51）。

常见的绘制工具还有彩色铅笔、水粉颜料等。

图4-2-39 蓝色牛仔面料注意质感的表现

图4-2-40 重色服装适合用深色卡纸衬托

小贴士

- ◆ 用彩色铅笔排列线条的方式可表现出牛仔面料的织纹效果。
- ◆ 颜色纯度较高的牛仔裤，主要靠褶纹及高光表现出质感。

图4-2-41 突出明线更能表达牛仔质感

图4-2-42 牛仔面料并不是画得越重越好，也可以用较为清淡的表达方式

图4-2-43 深色牛仔裤同样需要有明暗关系

小贴士　用刻刀、壁纸刀等工具在已经涂好的颜色上进行摩擦，产生的划痕可表现牛仔磨旧效果。

图4-2-44 贴身合体的牛仔裤，裤线的绘制尤其重要

图4-2-45 牛仔裤磨破的位置用皮肤颜色填充

图4-2-46 牛仔裤裤线及其周边的碎小褶纹是表达要点

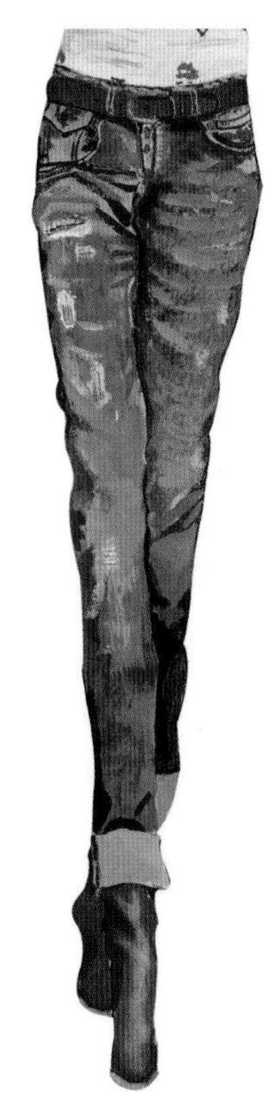

图4-2-47 厚重的牛仔面料可以用水粉和油画棒、蜡笔综合表现

图4-2-48 牛仔裤腰部、胯部和口袋的结构线要比牛仔裤整体颜色略重一些

图4-2-49 可在水彩未干时把局部颜色洗掉，表现牛仔面料明暗关系

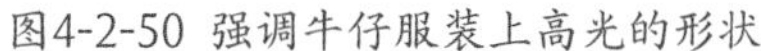

图4-2-50 强调牛仔服装上高光的形状

图4-2-51 彩色铅笔表现牛仔面料要层层深入

小贴士 油画棒描绘的肌理有助于体现衣服面料的厚度，彩色铅笔在油画棒的基础上能够表现出毛线针织感。

5. 毛织毛呢面料的绘制

在服装着色速写中，对于针织毛衣的面料质感刻画是具有一定难度的，通常用水彩颜料进行表现，用淡彩对整件衣服进行固有色的打底，同时交代明暗关系，然后减少画笔水分，用稍微深一层的颜色勾画针织条纹，注意勾画过程要符合明暗关系，最后选用针管笔在需要细节刻画的位置勾线强化。整个描绘的过程要轻松自然，体现出针织毛衣的柔软性（图 4-2-52 ~图 4-2-54）。

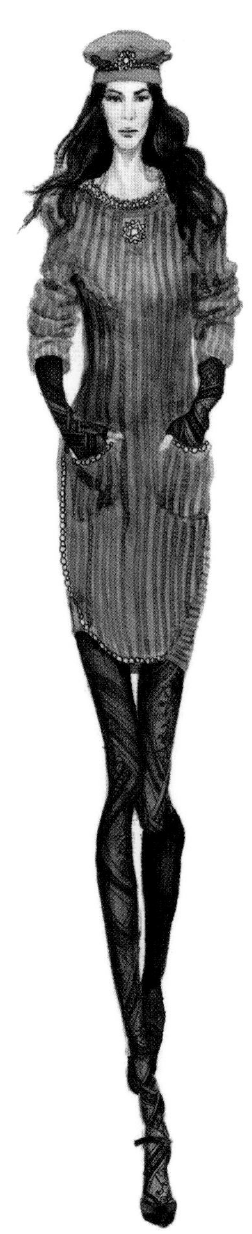

图4-2-52 用水彩表现面料时要注意水分的控制

图4-2-53 沿着织纹走向行笔

图4-2-54 选用油画棒配合彩色铅笔，通过一些方向、长短不一的曲线来表现面料质感

小贴士 用彩色铅笔绘制毛线编织效果时，不需要画得太密集，自然留出空隙，保留面料的透气性会使毛编的感觉更加真实。

6. 皮草面料的绘制

皮草面料的绘制可使用多种工具表现，例如水粉颜料、水彩颜料、油画棒、彩色铅笔、马克笔等（图 4–2–55 ~ 图 4–2–62）。

图4-2-55 把笔的水分挤出，蘸色后用干画法沿皮毛走向勾画

图4-2-56 用水彩绘制皮毛时，亮部留白比用白色提亮效果好

图4-2-57 点绘能体现底绒和针毛的感觉

小贴士 通过水彩颜料多层的、大面积的晕染和局部的细节勾画也能表现出皮草的质感。

图4-2-58 水粉适合表现厚重的皮草款式

图4-2-60 利用流畅的线条表达皮毛

小贴士　用白粉提亮亮部时，用笔宜干。

图4-2-59 含水量控制是着色关键

小贴士　在体现皮毛面料的厚重质感时，可通过水粉颜料一层一层堆积从而达到效果，同时也应注意褶纹和阴影的表现。

图4-2-61 适当留白有助于体现皮草厚度

图4-2-62 水彩晕染大面积颜色，干后用针管笔绘制边缘轮廓

7. 带亮片珠器面料的绘制

绘制带有珠片元素的服装面料时，可减弱其他部分的绘制强度，着重强调珠片部分，使整体服装款式造型主次分明（图 4-2-63 ~图 4-2-65）。

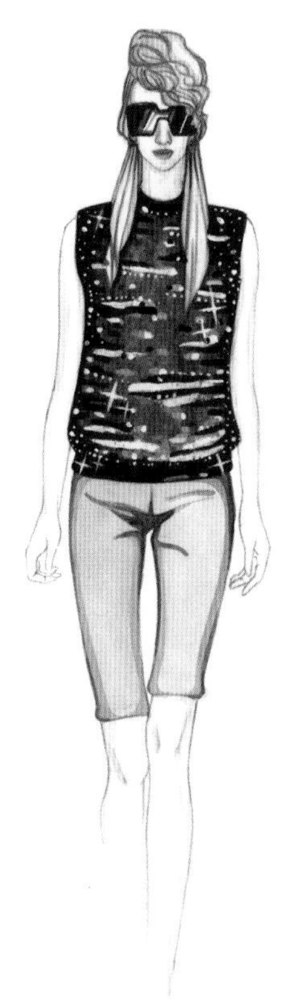

图4-2-63 衣服的黑白灰关系画好后，可直接用明度不同的点表现亮片的效果

图4-2-65 提亮不能过多，关键部位几处即可

图4-2-64 交叉的十字星能体现出高度光感

8. 流行丝袜及打底裤的绘制（图 4-2-66 ~图 4-2-68）

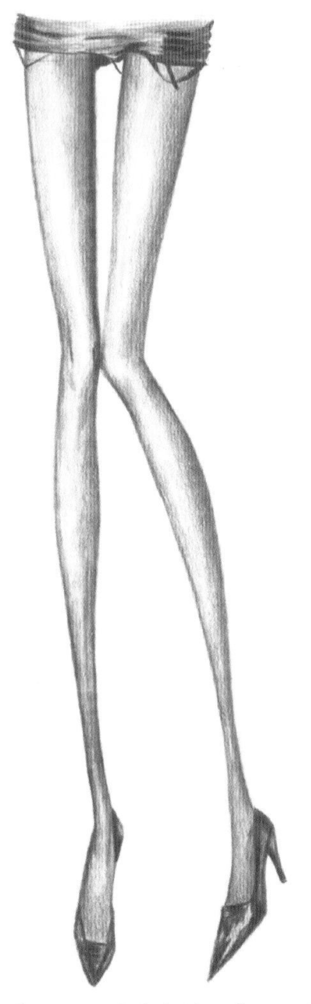

图4-2-66 彩色铅笔可表现细密感的丝袜

图4-2-67 深颜色不能平涂，仍需有明暗变化

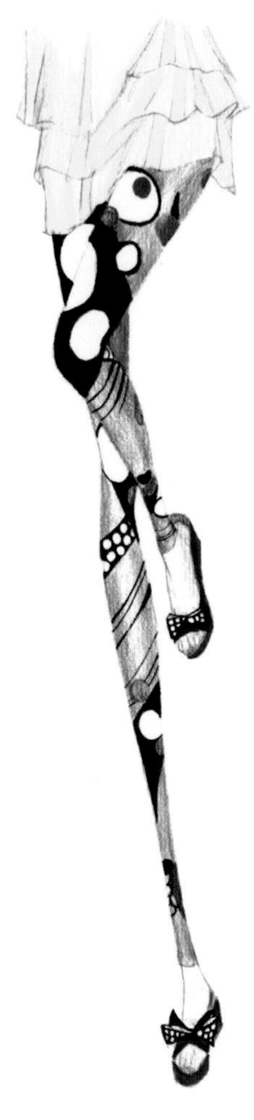

图4-2-68 丝袜中的白色部分可以直接留白

9. 服装整体造型及面料综合表现赏析（图 4-2-69 ~图 4-2-87）

图4-2-69 色调整体统一

图4-2-70 用水粉绘制时注意保持颜色明度与纯度

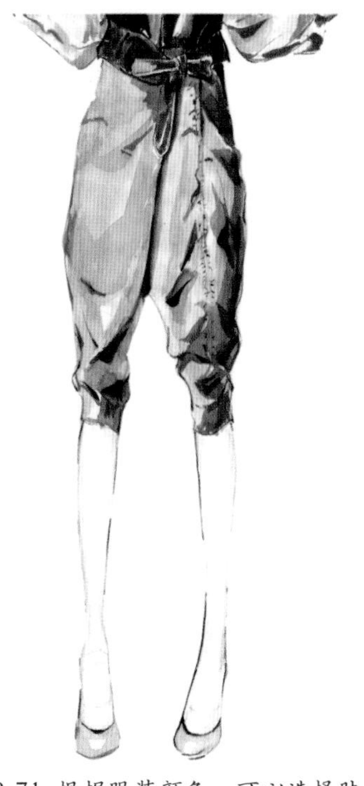

图4-2-71 根据服装颜色，可以选择肤色留白

图4-2-72 分层次刻画暗部关系

小贴士

◆ 用水粉颜料表现较厚重的面料时，颜色的深浅明暗不是依靠加入水分的多少来调节，更多是靠加入白色或者其他深颜色来进行调整。

◆ 水粉颜料反复涂抹，易造成颜色暗沉无光泽。

图4-2-73 注意环境色

图4-2-74 淡彩表现水分控制是关键，笔触要自然

图4-2-75 颜色要有晕染及过渡

小贴士

- 水彩由于自身不具有可覆盖性，在绘图时追求意境，讲究一气呵成。
- 衣服着色的用笔应根据衣服的结构和转折关系来表现，一般是从上至下、从左至右着色。

图4-2-76 花朵图案有浓重深浅的变化

图4-2-77 一次性调出所需颜色，避免色差

小贴士　一般情况下，先用油画棒画出图案样式，再着水粉色。由于油画棒是油性的，会排斥一般的水质颜色，从而形成一种特殊的视觉效果。

图4-2-78 由浅入深逐步上色

图4-2-79 考虑到光感表现，不必涂满颜色

图4-2-80 用小号笔刻画具体图案

小贴士 衣纹和衣褶的表现是有区别的。衣纹应力求简化和省略，衣褶则应如实地表现清楚。

图4-2-81 以线为主，点缀色彩

小贴士　如果女性裙装的款式比较贴合人体，上颜色时要谨慎保持女性人体曲线的美感，注意边缘线的色彩处理；如果裙摆幅度大，款式较宽松，着色时可以相对自然流畅，采用晕染的表现方法更为适宜。

图4-2-82 腿部边缘处理是重点

小贴士　进行着色时，应保持起稿时的服装速写人体的比例，不能破坏人体比例结构和人体美感。

图4-2-84 借助底色勾画浅颜色的线，也是常用技法之一

图4-2-83 水粉平涂，大面积写意表现

小贴士 服装上色时，除了固有色的表现外，还应考虑环境色的因素，这样画面的色彩才能和谐。

图4-2-85 亮片、指甲油的运用

图4-2-86 马克笔的行笔速度要快

图4-2-87 绘制浅色服装时，暗部不宜太重

小贴士

◆ 巧妙地利用有色纸张作画，有助于统一画面整体色调，或者利用颜色间的对比突出服装造型，强化服装风格。

◆ 马克笔不适合细节刻画，适合快速表现服装的大致效果。

◆ 画皮肤色服装时的用笔应简练、概括，特别是勾画四肢的用笔不求面面俱到，但求生动传神。

参考文献

[1] Tan Huaixiang.Character Costume Figure Drawing:Step-by-Step Drawing Methods for Theatre Costume Designers[M].2edition.FocalPress,2012.

[2] 张肇达 . 张肇达时装效果图 [M]. 北京：中国纺织出版社，2009.

[3] 弗里德里克・莫里 . 时尚映像：速写顶级时装大师 [M]. 治棋，骆巧凤，译 . 北京：中国纺织出版社，2010.

[4] 海维尔・戴维斯 . 当代时装大师创意速写 [M]. 郭平建，肖海燕，张慧琴，译 . 北京：中国纺织出版社，2012.

[5] 孟恂民 . 时装画技法 [M]. 北京：清华大学出版社，2012.